茶树菇菌环

人工栽培的茶树菇

立式灭菌锅

手提式灭菌锅

茶树菇栽培场地

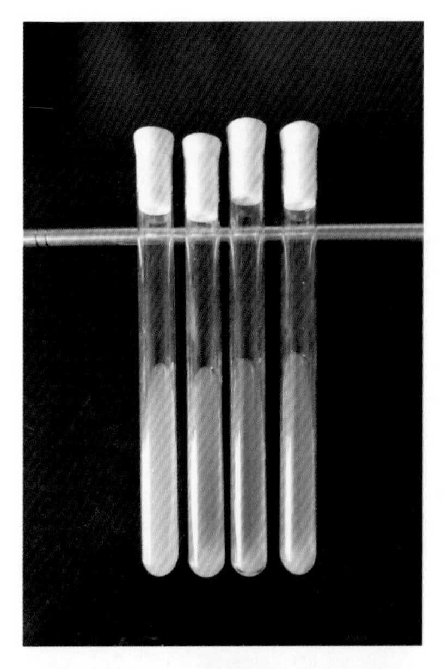

摆放斜面培养基

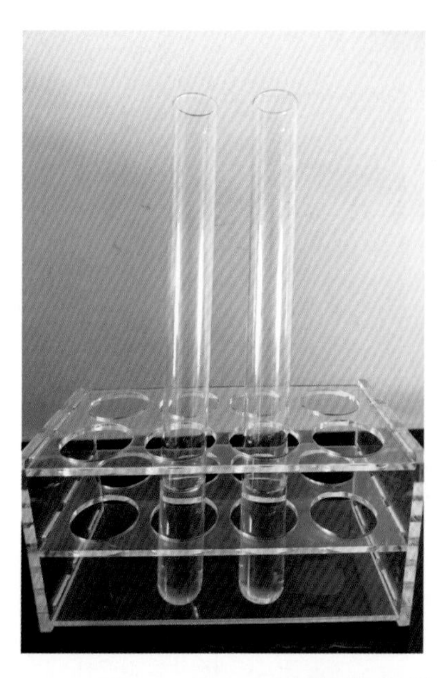

培养基分装

等待出菇的茶树菇菌包

茶树菇并排摆放

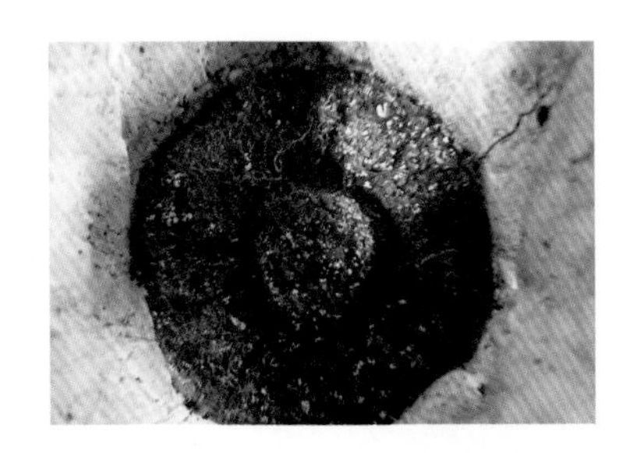

茶树菇原基

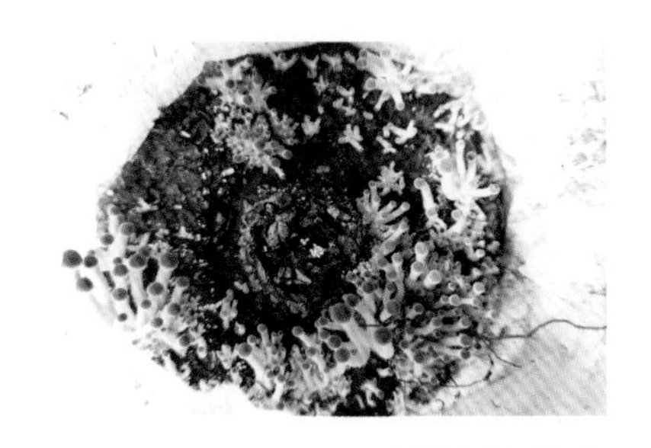

茶树菇菇蕾

长绒棉籽壳

茶树菇菇房

拌料机

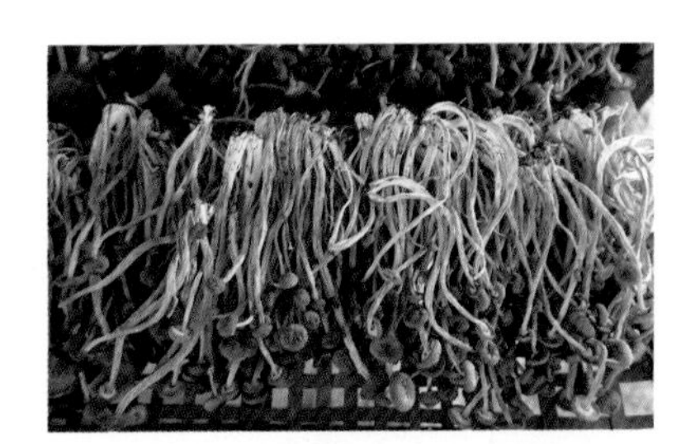

烘干后的茶树菇

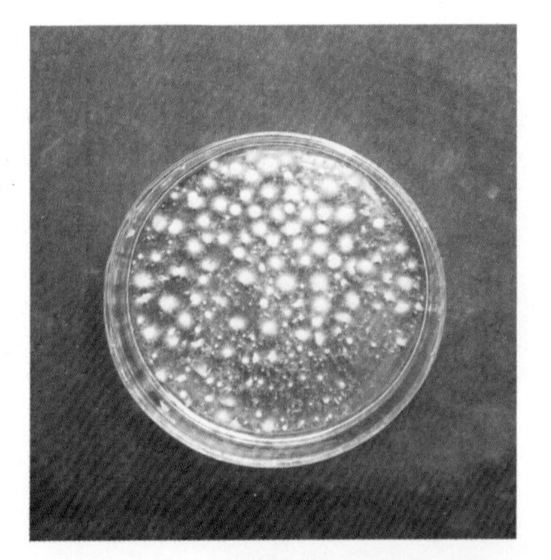

茶树菇液体菌种

发酵罐

茶树菇三角瓶菌种

受细菌污染的茶树菇液体菌种

茶树菇优质生产技术

主　编
刘　明

编著者
巫素芳　何焕清　周　慧
肖自添　凌雄斌　范森淼

金盾出版社

内 容 提 要

本书由广东省农业科学院蔬菜研究所刘明等编写。分5章介绍茶树菇优质生产技术，主要包括：概述，茶树菇菌种生产工艺，茶树菇菌袋栽培、菌棒栽培、大袋栽培、覆土栽培、工厂化栽培技术，茶树菇病虫害防治技术，茶树菇采收、保鲜与加工等。全书内容系统，叙述具体，技术实用，适于农业技术人员、食用菌栽培专业户和农业院校相关专业师生阅读参考。

图书在版编目（CIP）数据

茶树菇优质生产技术 / 刘明主编；巫素芳等编著 .—北京：金盾出版社，2024.4
ISBN 978-7-5186-1290-1

Ⅰ.①茶…　Ⅱ.①刘…②巫…　Ⅲ.①食用菌—蔬菜园艺　Ⅳ.①S646.1

中国国家版本馆CIP数据核字(2023)第228992号

茶树菇优质生产技术

CHASHUGU YOUZHI SHENGCHAN JISHU

刘明　主编

出版发行：	金盾出版社	**开　　本：**	710mm × 1000mm　1/16
地　　址：	北京市丰台区晓月中路29号	**印　　张：**	9.5
邮政编码：	100165	**字　　数：**	126千字
电　　话：	（010）68176636　68214039	**版　　次：**	2024年4月第1版
传　　真：	（010）68276683	**印　　次：**	2024年4月第1次印刷
印刷装订：	三河市双峰印刷装订有限公司	**印　　数：**	1 ~ 3 000册
经　　销：	新华书店	**定　　价：**	40.00元

目　录

第一章　概述 …… 1
一、茶树菇栽培发展概况 …… 3
二、营养、经济价值 …… 3
三、生物学特性 …… 4
（一）形态特征 …… 4
（二）茶树菇的生活史 …… 6
四、茶树菇的生长条件 …… 6
（一）菌丝的营养条件 …… 6
（二）生长的环境条件 …… 8
第二章　茶树菇菌种生产工艺 …… 15
一、场所与设备 …… 17
（一）栽培场所 …… 17
（二）制种的基本设备与用具 …… 20
二、母种制作 …… 25
（一）母种培养基 …… 25
（二）茶树菇菌种组织分离 …… 29
三、原种栽培种制作 …… 31
四、制种注意事项 …… 32
（一）无菌操作 …… 33
（二）接种方法 …… 34
（三）菌种培养方法 …… 35

第三章　茶树菇栽培技术 …… 37
一、菌种与生产季节 …… 39
二、栽培原材料选择 …… 39
(一)碳源辅料 …… 40
(二)氮源辅料 …… 41
(三)矿物质辅料 …… 42
(四)栽培原料配方 …… 44
三、菌袋栽培 …… 45
(一)菌袋制作 …… 45
(二)菌袋灭菌和冷却 …… 45
(三)菌袋接种 …… 45
(四)菌袋培养 …… 47
(五)出菇模式 …… 47
(六)出菇管理 …… 48
四、茶树菇高产栽培技术要点 …… 48
(一)栽培材料、栽培时间和栽培品种的确定 …… 49
(二)材料和场地的准备 …… 51
(三)配料拌料 …… 51
(四)装袋与套袋 …… 53
(五)高压或常压高温灭菌 …… 56
(六)冷却与接种 …… 59
(七)室内排场养菌 …… 60
(八)开袋催蕾 …… 66
(九)出菇管理 …… 72
(十)补水追肥 …… 78
(十一)菌袋的掉头翻面与脱袋覆土出菇 …… 79

五、茶树菇菌棒栽培技术 …… 80
(一)塑料袋的选择 …… 80
(二)长袋装料法 …… 81
(三)接种 …… 81
(四)菌棒发菌培养 …… 82
(五)菌棒两头出菇管理 …… 83
(六)菌棒覆土出菇管理 …… 83
六、茶树菇大袋(菌筒)栽培技术 …… 84
(一)栽培用塑料袋规格 …… 84
(二)装袋灭菌 …… 85
(三)接种培养 …… 85
(四)出菇管理 …… 86
七、覆土栽培技术 …… 86
(一)墙式覆土栽培 …… 87
(二)坑(畦)式覆土栽培 …… 92
八、工厂化栽培 …… 93
(一)工厂化栽培工艺流程 …… 93
(二)液体菌种制作 …… 95
九、栽培注意事项 …… 99
(一)菌袋培养 …… 99
(二)病虫害防治 …… 99
(三)出菇管理及采收 …… 99
第四章 茶树菇病虫害防治技术 …… 101
一、常见杂菌病害防治 …… 103
(一)竞争性杂菌 …… 103
(二)栽培过程的子实体病害 …… 108
二、常见虫害与防治 …… 111

(一)蚊类 …… 111
(二)菇蝇类 …… 114
(三)螨类 …… 115
三、综合防治与管理 …… 116
(一)培育和选用优良菌种 …… 116
(二)切断病虫入侵途径 …… 116
(三)严把配料、装袋和制袋技术关 …… 118
(四)培养料消毒灭菌要彻底 …… 119
(五)严格遵守无菌操作规范 …… 120
(六)创造有利生长条件 …… 120
(七)防病与防虫同步 …… 122
第五章 茶树菇采收、保鲜与加工 …… 127
一、采收标准及方法 …… 129
(一)采收标准 …… 129
(二)茶树菇分级标准 …… 129
(三)采收方法 …… 129
二、茶树菇的运输与保鲜 …… 130
(一)茶树菇采摘后的变化 …… 131
(二)茶树菇的保鲜 …… 132
三、干制加工 …… 135
(一)干制的基本方法 …… 135
(二)干制的工艺要求 …… 136
(三)烘干的操作方法 …… 137

第一章

概　述

一、茶树菇栽培发展概况

茶树菇又称杨树菇、茶薪菇等，是我国著名的野生食用菌品种，在生物分类学上隶属真菌门(Eumycophyta)担子菌亚门(Basidiomycotina)层菌纲(Hymenomycetes)伞菌目(Agaricales)粪锈伞科(Bolbitiaceae)。有关茶树菇的记载和食用历史悠久，被称为“中华神菇”。茶树菇原产于福建和江西，民间称为“茶菇”“油茶菇”，在自然条件下，生长于小乔木类油茶林腐朽的树根部及其周围，生长季节主要集中在春夏之交及中秋前后。

在栽培技术方面，我国的食用菌工作者一直在探索茶树菇的高产栽培技术。自20世纪80年代初期起他们开展了代料栽培试验，如木屑、茶籽壳等代料栽培茶树菇成功出菇，尽管初期产量较低，但为茶树菇的高产栽培做了有益尝试。研究者根据茶树菇的生理特点，在代料成分方面进行了一系列探索。截至80年代末，以木屑、棉籽壳为主要栽培基质，添加玉米粉、茶籽饼粉、菜籽饼粉、花生饼粉或大豆饼粉为辅料的栽培配方得到大量推广。迄今，我国江西、福建、广东、山东、四川等省均已规模化栽培茶树菇，产品已远销海外，出口到新加坡、日本等国家。

二、营养、经济价值

茶树菇营养丰富，味道鲜美，菌柄脆嫩，菌盖肥厚，深受消费者青睐，它富含蛋白质、脂肪和碳水化合物，还能提供人体所需的维生素、矿质元素和其他生理活性物质，是良好的保健食品。茶树菇营养成分极为丰富。据测定，每100克(干菇)含蛋白质14.2克，纤维素14.4克，总糖9.93克，钾4713.9毫克，钠186.6毫克，钙26.2毫克，铁42.3毫克。茶树菇子实体内含人体所需的18种氨基酸，其中含量最高的是蛋氨酸，占比为2.49%；其次为谷氨酸、天冬氨酸、异亮氨酸、甘氨酸和丙氨酸,总氨基酸含量为16.86%。此外,茶树菇还含有丰富的B族维生素和钙、镁、铁、锌等矿质元素。由于品种、栽培原料和栽培季节不同,茶树菇的营养成分有一定差异。

茶树菇不仅具有较高的营养价值,而且鲜味物质谷氨酸的含量较高,因而还具有鲜美的风味。另外,茶树菇还含有一系列的挥发性八碳化合物,如1-辛醇、3-辛醇、3-辛酮、1-辛烯-3-醇、2-辛烯-1醇等,香味独具一格。所以,它自古以来一直受到人们的喜爱。

《蕈菌医方集成》记载:茶树菇"性平味甘,无毒,能利尿渗湿,健脾止泻,清热平肝"。经常食用具有抗衰老、健脾胃、提高免疫力等作用。临床实践证明,茶树菇对肾虚、尿频、水肿、气喘均有一定的功效。

现代医学研究表明,茶树菇含有抗癌多糖,其提取物对小鼠S_{180}肉瘤、结直肠癌细胞有显著的抑制作用。因此,人们把茶树菇称作"中华神菇""保健食品""抗癌尖兵"。

三、生物学特性

茶树菇同所有食用菌一样,都是由菌丝体和子实体两大部分组成的。其中,菌丝体是茶树菇的营养器官,主要功能是分解基质,吸收营养;子实体又称为"菇",是茶树菇的繁殖器官。它的主要功能是产生孢子,繁殖后代。它也是人们所食用的部分。

(一)形态特征

在自然界,茶树菇菌丝体呈丝状,常生长在枯死的油茶树木枝干、树桩、枯枝落叶或土壤等基质中。菌丝为白色,茸毛状,极细,在基质中向各个方向分枝和延伸,以便利用基质营养,繁衍自己,组成菌丝群。孢子萌发产生的菌丝叫初生菌丝。初生菌丝开始时是多核的,到后来产生隔膜,把菌丝隔成单核的菌丝。单核菌丝纤细,分枝角度小,生长缓慢,生活力较差。生长到一定阶段,两个不同性别的可亲和的单核菌丝通过菌丝细胞的接触,彼此沟通,原生质融合在一起,形成锁状联合。锁状联合与细胞分裂同步发生。分裂后每个细胞中含有两个细胞核,故又称双核菌丝或次生菌丝。这种经双核化的菌丝分枝角度大,粗壮,繁茂,生活力旺盛。当生长到一定的数量,达到生理成熟时,加上适宜的环境条件,菌丝体便缠结在一起,形成茶树菇子实体。

茶树菇子实体为伞状,单生、双生或丛生,大多数为丛生。它由菌盖、菌柄、菌褶和菌环 4 部分组成。在菌盖与菌柄间连生着一层保护菌裙及孢子的菌膜。随着茶树菇的开伞生长,菌膜成为留在菇柄上的菌环。

1. 菌盖

子实体发育初期,菌盖内沿与菌柄之间着生菌膜。菌盖呈伞状,初为半球形,直径 1～1.5 厘米,边缘内卷。成熟后,菌盖逐渐展开,直径 3～10 厘米,表面光滑,暗红色,而后逐渐变为扁平,淡褐色或土黄色,边缘淡褐色,有浅皱纹。成熟后菌盖常上卷,边缘有破裂。菌肉灰白色,略有韧性,中部较厚,边缘较薄。

2. 菌褶

菌褶呈片状,细密,多为直生,初白色,成熟后变褐色。菌褶表面着生子实层,其上着生担子和担孢子。每个担子上生有 4 个担孢子,呈锈褐色。担孢子呈椭圆形或宽椭圆形至卵圆形,淡黄褐色,表面光滑,大小为(8.5～11)微米×(5.5～7)微米,孢子芽孔不明显。

3. 菌柄

菌柄近圆柱状,直立或弯曲生长,长 3～15 厘米,直径 3～15 毫米,中实,纤维质,脆嫩,成熟后菌柄变硬。菌柄表面有纤维状条纹,近白色,基部呈灰褐色。

4. 菌环

菌环是内菌幕残留在菌柄上的环状物，为菌盖与菌柄间连生着的一层菌幕膜质，淡白色，上表面有细条纹。开伞后菌膜破裂，残留物留于菌柄上部，或自动脱落，或附于菌盖边缘。

(二)茶树菇的生活史

茶树菇是一种四极性异宗结合的食用菌。其整个生活史是从孢子萌发开始，经过各级菌丝生长发育和子实体生长发育，至子代孢子的产生结束，包括营养生长期和子实体生长期，或者说要经历发菌期和子实体形成期。在人工培养的条件下，完成一个生活史需60～80天，在木屑培养基上可以缩短到40～50天。茶树菇主要靠无性繁殖的方式度过漫长的营养生长阶段，双核菌丝体不断生长增殖，达到生理成熟之后，进入生殖生长阶段进而形成子实体，最终产生大量的有性孢子来繁殖下一代。

四、茶树菇的生长条件

(一)菌丝的营养条件

营养是茶树菇生长发育的基础，只有在丰富全面而又适宜的营养条件下，茶树菇才能正常生长发育，栽培才能获得成功，并取得丰产。茶树菇所需的营养成分主要包括碳源、氮源、无机盐类和维生素类物质。自然条件下，茶树菇可生长在杨树、茶树、柳树等树的枯树上，利用树枝干中的纤维素和木质素作为营养物质。生产中，多以棉籽壳、木屑为栽培主料，米糠、麦麸、大豆饼粉、菜籽饼粉、花生饼粉作为辅料，其主要作用是提供氮源和维生素类物质。配制栽培原料时，还要兼顾原料的C/N比(碳元素与氮元素含量之比，碳氮比)，才能够获得较高的产量和品质。

1. 碳源

碳是构成细胞的主要成分,也是茶树菇生长发育的能量来源。茶树菇菌丝能利用的碳源有单糖、双糖和多糖。单糖(葡萄糖、果糖等)和双糖(蔗糖、麦芽糖)可直接被菌丝吸收利用,而大分子的多糖如淀粉、纤维素、半纤维素、木质素等不能被菌丝直接吸收利用,要经相应的酶分解后才能利用。因为茶树菇细胞中木质素酶活性较低,所以茶树菇菌丝分解利用木质素的能力弱。茶树菇细胞中纤维素酶、半纤维素酶和果胶酶活性中等,而蛋白酶活性最高。因此,在栽培茶树菇时以含纤维素和蛋白质丰富的培养料为佳。在制备茶树菇菌种培养基时,一般加入葡萄糖或蔗糖作为碳源;而大面积栽培时,多以秸秆、棉籽壳、木屑等富含纤维素的物质为碳源。适当地加入些可溶性单糖,有利于菌丝尽快萌发定植并产生相应的胞外酶,将复杂的碳化物分解。

2. 氮源

氮是合成蛋白质、核酸等的重要成分。茶树菇容易吸收和利用有机氮,对无机氮的利用较差。菌丝能直接吸收氨基酸小分子的有机氮化物,对大分子的尿素、蛋白质、核酸等,需经蛋白酶类分解转化为小分子氮化物后,方可吸收。由于茶树菇菌丝细胞能分泌大量的蛋白酶,而且蛋白酶的活性很高,所以茶树菇利用有机氮化物能力很强。制备茶树菇母种培养基时,常添加蛋白胨、酵母膏为氮源;而栽培茶树菇的培养料以麸皮、米糠、豆饼粉等作为氮源。

茶树菇生长发育不但需要丰富的碳源和氮源,而且碳与氮的比例要恰当,也就是要求一定的碳氮比。实践证明,茶树菇菌丝生长阶段适宜的碳氮比大约为 20∶1,而子实体生长发育阶段碳氮比以 30～40∶1 为宜。碳氮比失调会导致菌丝体和子实体生长不良。

3. 无机盐类

无机盐类包括大量元素和微量元素。大量元素主要有磷、钾、钙、镁、硫等，微量元素有铁、铜、锰、锌、钼等。这些元素，有的构成细胞成分，有的是酶的组成成分，有的是酶的激活剂，还有的在维持细胞渗透压和保持酸碱平衡中起重要作用。总之，它们虽然需要量很少，但能保持各种代谢作用正常进行，保证菌丝体和子实体生长发育良好，是绝对不可缺少的营养物质。在制备培养基时，通常加入磷酸二氢钾、磷酸氢二钾、硫酸镁、硫酸钙等，以提供茶树菇必需的磷、钾、钙、镁、硫等大量元素；因为微量元素需要量极少，一般比例在 0.1 毫克/千克以下，在天然水和培养料中的含量就可满足，不需另外添加。

4. 维生素和生长素类物质

茶树菇所需的维生素主要是 B 族维生素，如硫胺素（维生素 B_1）、核黄素（维生素 B_2）等，但其中最重要的是维生素 B_1。维生素 B_1 是组成一些酶的活性基成分（转醛醇酶和转酮酶的辅基）。缺少维生素 B_1 时，酶失去活性，代谢不能正常进行，影响菌丝生长和子实体形成。不过茶树菇对维生素 B_1 的需要量极微少，培养基的主料和辅料（麸皮、豆粉）含维生素 B_1 丰富，可满足需要，不必另加。

除维生素外，一些生长素类物质也是不可缺少的，对茶树菇作用比较明显的有萘乙酸和三十烷醇。它们的作用是促进生理代谢，加速菌丝生长和子实体形成。

总之，培养基中各种营养素既要齐全丰富，又要比例恰当，并且根据茶树菇不同的生长发育阶段加以调整。

（二）生长的环境条件

1. 温度

温度影响着茶树菇菌丝的生长和子实体的发育。适宜的温度是茶树菇生长最基本的条件之一。茶树菇生长过程中进行的新陈代谢、生化反应需要各种酶的参加，但酶的作用的发挥又离不开温度条件。温度适宜时，酶反应速度加快，菌丝生长速度也加快，对培养料的分解加强，但超过最适温度时，酶蛋白分子因受高温影响而逐渐失去活性，反应速度下降，甚至遭受不可逆转的破坏，使菌丝体受到不利影响，甚至死亡。在低温下，营养物质不易渗入细胞，酶的活性降低，茶树菇菌丝内源的呼吸缓慢，菌丝因得不到营养物质的补充而生长减缓。

茶树菇是在温带至亚热带地区从春季至秋季发生的广温型木生食用菌。菌丝生长的温度范围在4～34℃，适温为20～27℃，最适宜温度为25～27℃。温度过高，菌丝长势缓慢，容易老化变黄；当温度达到33℃以上时，菌丝生长受到严重抑制；温度超过38℃时，菌丝就会死亡。当温度处于14℃以下时，菌丝生长速度明显减慢；温度低于4℃时，菌丝停止生长，处于休眠状态。但菌丝能耐低温，在－14℃下5天、－40℃下4天，也不会死亡。温度一旦回升，菌丝就恢复生长。随着温度的上升，菌丝生长加快；而超过适温，其生活力就会衰退。

由于在较高温度下物质消耗太快，因此菌丝体生长最快时的温度往往不是最适宜的。在实际人工栽培中，培育健壮的菌丝体，一般应在比菌丝体生长的最适温度(生理最适温度)略低的温度下进行。茶树菇菌丝生长的最适温度为25～27℃。这时菌丝体生长速度达到峰值，但菌丝体稀疏无力。在18～24℃下培育，菌丝虽然不及在25～27℃的温度下生长得快，但更粗壮浓密，再生力更强，而且有利于控制杂菌污染。

茶树菇菌丝体对高温和低温均有一定的耐受性，但子实体形成阶段，对温度要求较为严格。在原基形成与分化阶段，昼夜温差的刺激能明显促进原基的分化和形成。菌株不同，其对分化温度的要求也不同。一般来说，子实原基分化温度为10～16℃，子实体发育温度为13～25℃。温度在10℃以下、28℃以上，较难形成子实体，18～24℃为形成子实体的最适宜温度。由于子实体含有比菌丝更多的蛋白质、糖类等养分及水分，极易受杂菌和害虫侵害，所以在实际栽培时，子实体发生、发育时的温度应控制得偏低一些。

但是要注意温度越低，子实体发育也越慢，甚至停止发育。总的来说，温度较低时，子实体生长缓慢，组织紧实，品质好；温度较高时，子实体组织疏松，易开伞，品质较差，因此，必须对温度进行适当的调控。

在茶树菇栽培期间要同时对气温、菌温和堆际温进行监测。气温是指室内外的自然温度。菌温是指培养料内菌丝体进行生命活动时的温度。堆际温是指堆间、袋间的温度。在菌丝培养期间，必须密切注意这三种温度的相互关系。高温季节要避免极端高温危害，低温季节要提高室温，促进发菌。菌温一般比气温高。在代料发菌过程中，由于菌丝不断增殖，新陈代谢渐旺，菌温也随之升高，一般比气温高 3～5℃；当菌丝长满袋的一半（需 30 天左右），如供氧充足，此时出现第一个升温高峰，菌温比室温高 4～6℃；当菌丝长满袋后 10～15 天，出现第二次菌温峰值。

菌温、堆际温和气温，这三者关系密切。菌袋数量越多，叠放越高，堆距越近，通风程度越差，堆际温越高，菌丝生长越旺盛。同时，气温升高，堆际温也随之升高。测定温度时，注意“三温”的关系，这样才能准确地了解温度条件。

2. 湿度与水分

水是茶树菇菌丝体和子实体的重要组成部分。据测定，茶树菇菌丝体含水量为 70%～80%，子实体含水量为 90%。孢子的萌发、菌丝体的繁殖及子实体的生长发育都离不开水。水还是茶树菇新陈代谢、吸收营养必不可少的物质。茶树菇对各种营养物质的吸收和输送都是在水的运载下进行的，其代谢废物也是溶于水后才能被排出体外。缺乏水分，茶树菇的菌丝便处于休眠状态，停止发育，根本不会产生子实体。此外，水对茶树菇料温的变化也起缓冲作用。由于其比热高，培养料中的水能吸收菌丝在代谢过程中释放出的热量，不至于使料温骤然上升。一般说来，子实体的发生和发育比菌丝体生长需要更多的水分和更高的空气湿度。

茶树菇生长过程中所吸收的水分来自两个方面：一是培养料中的水分，

二是空气中的水分。菌丝体及子实体生长需要的水分绝大部分来自培养料。所以，培养料中适宜的含水量是保证茶树菇优质高产的基础。一般培养料的含水量为46%～80%，菌丝能正常生长；最适含水量为60%～65%，在这种条件下，菌丝生长速度快，健壮。含水量低于50%或高于70%，均会影响茶树菇菌丝的生长。培养料中的水分常因蒸发或子实体吸收而减少，常采取喷水或浸水的方法给予补充。

对于空气相对湿度，在茶树菇的不同生育期，要求有所不同。菌丝生长阶段，要求空气相对湿度为70%～80%；如低于60%，会加快培养料中水分的蒸腾作用，使料中含水量降低，影响菌丝生长；如高于80%，会减缓蒸腾作用，进而延缓出菇时间。在茶树菇子实体生长阶段，将空气相对湿度提高到85%～90%，可以促进子实体健壮发育。因为茶树菇子实体迅速膨胀，不仅要从料中吸收大量的水，而且需要从空气中吸取水分。否则，子实体发育受到影响，个体瘦小，发育不良。但空气相对湿度也不宜超过90%，否则会减缓子实体的蒸腾作用，使培养料内通气不畅，抑制子实体的呼吸，易引起各种病害的发生，甚至造成烂菇。

空气相对湿度可用干湿球温度计来测定。其方法是先观察并记录干球的温度，再观察并记录湿球温度，然后将干球温度减去湿球温度，即得出温差。根据温差大小，从表中查到空气湿度的百分数。例如，干球温度为19℃，湿球为18℃，温差为1℃，其对应的空气相对湿度为88%。一般旋转干湿球温度计中间刻度，即可得出空气湿度。

调节空气湿度常采取空中喷雾、地面洒水、夜间喷灌、覆盖薄膜或通风换气等办法来进行。

3. 光照

茶树菇菌丝生长阶段不需要光照，过强的光照会抑制菌丝生长；出菇阶段则需要一定的散射光刺激，在完全黑暗的条件下，子实体形成困难；在原基形成和子实体发育阶段，也需要一定的散射光。生产上，要充分注意茶树菇的需光特性。发菌阶段宜保持全黑暗培养，以避免边长菌丝边出菇；出菇阶段，根据茶树菇子实体向光生长的特性，采用套袋培养，以获得柄长盖小、口感脆嫩的优质产品。

4. 氧气和二氧化碳

茶树菇属于好氧真菌。呼吸是茶树菇正常生命活动所不可缺少的生理过程。在新陈代谢过程中，茶树菇以有机物质作为呼吸底物，在有氧条件下进行彻底氧化，并释放能量。菌丝短期缺氧时，就借助于酵解作用暂时维持生命活动，但要消耗大量营养物质，菌丝逐渐衰弱，寿命缩短；严重缺氧时，菌丝生长受阻，就显得纤细，培养料难以被菌丝覆盖，容易感染杂菌。保持空气新鲜，以保证正常的含氧量，是茶树菇正常生长发育的重要条件。

二氧化碳能促进茶树菇菌柄的伸长，不过茶树菇呼吸时吸入氧气，排出二氧化碳，由于二氧化碳的密度比氧气大，常积累在培养料的表面，影响菌丝体的正常呼吸。通常在新鲜空气中，氧气的含量为21%，二氧化碳的含量为0.03%。当二氧化碳浓度上升到1%时，茶树菇菌丝和子实体的生长均受到明显的抑制。茶树菇在子实体分化阶段，即从营养生长转入生殖生长时，对氧气的需求量略低，而对二氧化碳的需求量略高；一旦子实体形成，就对氧气的需求急剧增加。在生产中，为防止二氧化碳积累过多，菇房内应经常通风换气。在子实体发育期要注意调控好二氧化碳的浓度，使之能促进菇柄伸长、抑制菌盖生长，提高商品品质。

5. 酸碱度

酸碱度主要影响菌丝体细胞内的酶活性。因为所有的酶都在一定的pH范围内才有活性，但超出范围，其活性不高或失去活性，菌丝体的各种代谢活动便不能正常进行。茶树菇喜欢微酸性环境，适宜的pH区间为5～6.5，范围较窄。但在配制培养料时，一般将培养料的pH值调至7～7.5，经灭菌后pH值下降1左右，正适合菌丝生长。

总之，茶树菇与其周围环境是一个统一体，每一个环境因素对茶树菇生长都有一定作用，而所有的因素之间既相辅相成，又互相制约，不可强调某一个因素，而忽略其他因素。在茶树菇的栽培和管理工作中，注意综合调控各种环境条件，使之达到最佳的配合状态，为茶树菇生长发育创造最适宜的生态环境。

第二章
茶树菇菌种生产工艺

一、场所与设备

选择适宜的栽培场所，并创造良好的生态条件，是获得高产优质茶树菇的首要条件。进行茶树菇大规模工厂化、专业化生产时，须建造专用菇房、室外塑料菇棚及野外荫棚。农户进行茶树菇栽培时，除可利用蔬菜塑料大棚与其他菇类栽培房外，比较明亮、通风和近水源的空房、仓库、地下室、防空洞、隧道、菜窖及草顶土房等，经改造后也都可作为茶树菇的栽培场所。

(一)栽培场所

1. 栽培场所的组成

茶树菇栽培的场地设施包括原料堆积场、辅料仓库、装袋拌料车间、锅炉房、灭菌灶(柜)、冷却室、接种室、菌种培养室、菌袋菇棚(菌丝培养室、栽培室)、冷库、包装室、烘烤房等。其中，栽培室是茶树菇最主要的栽培设施。

(1)拌料场

拌料装瓶(袋)的场所，可以在室内，也可以在工棚下，其面积依生产规模而定。日产1000～2000袋(瓶)的厂家，拌料场面积以18～30米^{2}为宜。

(2)灭菌室

摆放高压灭菌锅或建造灭菌灶的地方。场地条件与拌料场相同。

(3)冷却室

供灭菌后的培养基冷却的地方，要求具备无菌的条件。

(4)接种室

进行接种的无菌工作室。它有双层玻璃窗，密封性好，便于熏蒸消毒。室内四周六面要尽可能光滑，耐水洗，不吸潮。接种室平面大小通常为(3～4)米×(4～6)米，高2米，设一拉门与缓冲间相通，吊装1支紫外线灯及1～

2 支日光灯。条件许可时，可安装 1 台分离式空调机，室内摆放 2～4 个茶几式工作台（长 1.55 米，宽 0.55 米，高 0.75 米），工作台上放接种工具，如酒精灯、药棉和镊子等。

(5)培养室

接种后菌袋发菌的房间。因代料栽培有时是在夏、秋高温季节制种，所以培养室最好设在冷凉、干净的地方。培养室单间面积不宜过大，以 16～24 米^{2}为宜，总面积依生产规模而定。

(6)菇场

供发菌良好的菌袋（开袋后）出菇的场所。茶树菇的栽培多在春末（4 月）、秋末（10 月）开始开袋（转色）出菇，而这两个时段的气候特点分别是春末雨水多，秋末气温迅速降低，10 月的月平均气温均在 15℃左右。菇场应设在通风向阳、排灌方便、水源充足的地方。比较平坦的山坡，房屋后的空地，以及冬闲田等均可以辟为菇场。

茶树菇出菇阶段需要 500～1000 勒克斯的散射光，而晴天的太阳光照可达 3000 勒克斯以上。因此，必须搭盖荫棚，棚高 2～2.5 米。永久菇场可栽种猕猴桃、金银花、丝瓜或苦瓜等藤蔓繁茂的作物覆盖荫棚，变单一养菇经济为立体型庭院经济。

2. 菇房场地的选择

栽培场地要求地势平坦，交通方便，水源充足，排水良好，有电源，远离垃圾堆、禽畜养殖场、化工厂、农药厂等污染大的区域。

(1)室内菇房

栽培（菌丝培养室）专用菇房一般高 3 米，房顶采用油毡加瓦，如采用拱形房顶，则可在油毡上覆盖稻草（或麦秸）15～20 厘米厚，一般长 20 米，宽 5～6 米，中间用隔墙分为两间，有利于保温保湿。面积过大，难以控制温度和湿度。室内墙壁贴塑料薄膜，地面铺水泥砖，床架、屋顶、四壁和地面等都要求光洁，以防止杂菌和害虫潜伏。门窗要能严密关闭，屋檐等处的漏洞要堵塞，以利于控制温度和湿度，并保证药物熏蒸消毒的效果。

屋顶要开设高通风筒或活动天窗。这样既有利于透光，又有利于通风散热。四周墙上要设有上窗、中窗和下窗，以及南北门，上窗的上沿一般略低于屋檐，下窗高出地面 10 厘米左右，窗户大小以 40 厘米^2 为好，以便于栽培室通风换气，底部两侧应开设若干排水洞。

菇房除新建外，也可以充分利用或改造空闲房屋和废旧仓库，其结构形式不限。室内栽培茶树菇有利于控制温度，减少害虫和杂菌的危害，生产稳定，产量较高；但室内一般光线不足，通风较差。室外搭建菇棚栽培空气新鲜，昼夜温差大，成本也不高。

(2)室外栽培房

常见的室外栽培房有塑料菇棚和塑料蔬菜大棚(钢、竹棚架结构)。利用塑料菇棚栽培食用菌，与一般室内栽培相比，具有较好调控环境条件的优点。在大棚上覆盖薄膜和苫帘，通过其揭与盖，既可以充分利用太阳光能，节省能源，保证光线和氧气充足，又能保温保湿，还能使大棚内昼夜温差大，这些都有利于茶树菇的生长发育。塑料菇棚可以用镀铸钢管为拱架，也可以用竹、木为支柱搭建简易塑料棚。可建造专用的塑料菇棚，也可利用闲置的塑料蔬菜大棚。塑料菇棚一般为东西走向，由立柱、横梁、拱条和棚膜等构成。

(3)菇房的结构

菇房要设置在交通方便，靠近水源，环境干净，并远离堆放粮食、饲料、饼肥等的仓库以及畜舍、垃圾堆等易于滋生病菌害虫的场所。可利用现有的空房、地下室、仓库等改造成菇房，也可以新建菇房。菇房应坐北朝南，屋顶、墙壁要厚，保温、保湿，空气流通顺畅，无阳光直射，内部整洁。内墙和地面最好用水泥抹光或石灰粉刷，以便消毒。

为了充分利用菇房空间，可将菇床设为层架式，层数视菇房高度而定，一般设 4～6 层，层距为 60 厘米左右，最底层需距地 20 厘米以上，最上层离屋顶1米以上。菇床的排列应与菇房方位相垂直，呈两列、三列或多列。菇床一般宽60～70厘米。菇床之间留60～70厘米的宽度作为人行道，以便操作管理。菇床要求坚实牢固，一般每平方米要承重90千克培养料。通常以竹、木为固定材料，有条件的使用钢筋水泥作固定架则更好。

常见的茶树菇栽培场所有菇房、栽培大棚和野外凉棚栽培场。

(二)制种的基本设备与用具

1. 灭菌设备

(1)高压蒸汽灭菌锅

高压蒸汽灭菌锅是一个可密闭的能耐受较高蒸汽压力的金属锅，其具有灭菌时间短、效果好、能源消耗少等优点。

高压蒸汽灭菌锅适用于各种耐热物品的灭菌如培养基、生理盐水等各种溶液、玻璃器皿等的灭菌。高压蒸汽灭菌锅密封性能好，工作压力在152～203千帕。其外形除立式和卧式外，还有一种手提式小型灭菌锅，供制母菌用。

高压蒸汽灭菌锅组成见表2-1。

表2-1　高压蒸汽灭菌锅组成

外锅	装水，供发生蒸汽用
内锅	放置灭菌物
压力表	指示锅内压力变化，标明压力和温度
排气阀	手拨动式，用于排除冷空气
安全阀	当压力超过规定时即自行放气降压，确保安全
其他配件	有橡皮垫圈、旋钮、支架等

采用高压蒸汽灭菌锅的注意事项：①灭菌锅内的冷空气一定要排尽，否则容易造成灭菌不彻底，因为灭菌锅内若存留空气，会导致压力与温度不对应。也就是说，压力虽然上升到所需要的读数，但温度却达不到要求。②装入灭菌物时，不要排放过密，应留有适当空隙，否则蒸汽流通不畅，出现死角，

导致灭菌不彻底。③灭菌排气后，压力表读数降至0时，及时打开锅盖，利用余热将蒸汽排出锅外，可防止棉塞受潮，还可降低灭菌锅生锈的程度。

高压蒸汽灭菌锅有3种，见表2-2。

表2-2　高压蒸汽灭菌锅种类

手提式高压灭菌锅	结构简单，使用方便，容量小，只适于试管培养基灭菌用
立式高压灭菌锅	除装有压力表、放气阀、安全阀外，还有进出水管等装置，以火力或电力为能源，灭菌时间短，效果好。但容量不大，适于小规模生产或原种培养基灭菌用
卧式高压灭菌锅	有卧式圆形高压灭菌锅和卧式方形高压灭菌锅（消毒柜）2种

(2)小型柜式灭菌灶

小型柜式灭菌灶用灰砖和水泥砌成。其主要结构为加热用的炉灶和容纳灭菌物品的灭菌柜。灭菌柜柜顶应砌成圆拱形，并留有多个排气孔，灭菌时柜内产生的水蒸气从排气孔逸出，从而使蒸汽在灭菌柜内均匀流动；如果没有排气孔，灭菌柜内蒸汽难以上升到顶部，而由侧门或柜壁裂缝中逸出，造成死角，灭菌不彻底。

2. 接种设备

(1)接种室

接种室又称无菌室，是用于菌种接种的房间。接种室由外面的缓冲间和里面的接种间组成。缓冲间面积为2～3米^2，内设水池并配备工作服、口罩、接种器具、药品及毛巾等。接种间根据菌种生产量确定接种间面积以5～6米^{2}为宜，高2.5米，内设接种台和坐凳，在天花板和墙底部各安装1个由棉花、纱布和铁丝窗纱组成的换气窗。接种间面积不宜过大，否则不易彻底杀菌。环境要求清洁、干燥。室内要求门窗密封，地面、墙壁光滑、平整，便于清洗消毒。接种间和缓冲间的门窗采用铝合金拉门，两间的拉门不要直接相对，以保持室内空气相对静止，减少灰尘流动。两间均安装紫外线灯和日光灯。如果采用接种箱、超净台、火焰或蒸汽接种，接种室就不需另设缓冲间。

(2)接种箱

接种箱是用木材、玻璃制成的密闭箱子。箱内顶部装有紫外线灯与日光灯各2支。开关装在箱外。箱的两侧各有一个洞口装上布袖套,一个人可面对面同时操作。洞口的上方为可以开关玻璃窗口,便于菌种取放。

接种箱务求密闭,防止外面的杂菌进入。箱内除放接种物品外避免存放其他物品。采用接种箱接种无菌条件好、接种成品率高。

接种箱一般分双人操作和单人操作2种。上部为可启闭的框架,用于观察、放入或取出物品。箱内顶部安装紫外线灯和日光灯各1支,箱顶外部两端各打一个直径10厘米的圆孔,封上口罩式棉纱布,以利于空气交换,箱前开2个操作孔,配有袖套及可移动小门。

接种箱容量小,消毒灭菌比较彻底,能减少杂菌侵入,制袋成品率显著提高,移动方便,就地接种,可避免料袋搬动之劳。

茶树菇菌丝生长慢,不能很快封住接种口,占领料面,抵抗杂菌侵入,因此茶树菇接种提倡在接种箱内进行。

(3)超净工作台

超净工作台又称净化工作台,是目前较先进的空气净化设备。市场上常见的类型,按其气流方向划分一般分垂直层流和平行层流2种;按操作方式划分,有单人操作、双人对置操作和双人平行操作3种。超净工作台由箱体、操作区、配电系统等组成。其中,箱体包括负压箱、风机、静压箱、预过滤器、高效空气过滤器以及减震、消音装置等。

超净工作台是一种局部层流装置,能在局部形成高净度的工作环境。其工作原理是室内空气经预过滤器送入风机,由风机加压送入静压箱,再经高效过滤器除尘洁净后,通过均匀层以层流状态均匀垂直向下进入操作区或以水平层流状态通过操作区,同时上部狭缝中喷送出高速空气流形成保护操作区不受外界干扰的空气幕,从而在操作区获得洁净的空气。

与常见接种设备相比,超净工作台的先进性、可靠性主要表现在洁净度高，接种效果好，正品率高，可连续作业，工作效率高，不需要用酒精灯火焰消毒和药品熏蒸消毒，既降低了成本，又改善了操作人员的工作条件，同时因洁净空气不断向操作区排出，室内空气不断得到过滤。因此，随着操作时间的延长，室内空气越来越洁净。

为提高超净工作台的使用寿命和效果，应注意以下事项。

① 超净台应设置在洁净、明亮的室内，室内地面采用水磨面或涂刷地板漆，四周墙壁应涂上仿瓷涂料或油漆，保持光滑、无尘；尽力保持室内安静；工作服及帽子应选用沾尘量小的布料制作。

② 保持室内干燥，空气相对湿度控制在60%以下，梅雨季节应放置生石灰吸潮，以免高效过滤器在潮湿环境中滋生霉菌而失效。

③ 配电系统有三相、单相2种。接电时应按正确相极安装，避免风机倒转而失效。如有条件最好安装稳压器，以防电压忽高忽低，烧坏电机或达不到预定的风量、风速，从而达不到空气净化效果。

④ 操作台上应尽量少放置与接种无关的器具和物品，以免阻碍出风口的正常气流或产生涡流而带菌。

⑤ 操作前用新洁尔灭或来苏儿等消毒品拭抹操作台面，切忌向操作区直接喷雾。室内空间可喷雾杀菌。开机20分钟后进行操作。

⑥ 接种工具应用常规火焰灼烧灭菌，或用几层纸包扎蒸汽灭菌后使用。

⑦ 超净台在连续使用的情况下，每年向厂家邮购同型号的空气过滤器，按照说明书自行更换。预过滤器粘贴在箱体前面的进风口上，连续使用两三个月后，应取下用洗洁精或皂液洗净，以黏胶重新贴封，最好更换新的。

(4)接种工具

① 酒精灯：用于接种时接种针、镊子、试管口等的火焰消毒。

② 接种棒：由金属杆、胶木柄和前端螺母组成。用于固定自制的接种针、接种环、接种铲等。

③ 接种针：取废旧细电炉丝8～10厘米长，拉直，磨光，安装在接种棒

上。细不锈钢丝也可。用于挑取细小菌落和从菌褶中挑取孢子。

④ 接种环:用尖嘴钳将接种针先端弯制一个圆圈即成。供分离转管,或蘸取孢子悬液在斜面、平板上拖制、分离用。

⑤ 接种镊子:从医药商店购买的长 25 厘米、前端带齿的不锈钢镊子,用于取菌种及种块接种。不锈钢小镊子也需备几把,用于组织分离时夹住子实体。

⑥ 手术刀:由不锈钢刀柄和刀片组成。刀片有几种形状,并可更换。用于菌种分离时切割组织块。

(5)机械设备

主要包括拌料机和装袋机,目前用于食用菌的装袋机和拌料机种类繁多。

拌料是制种的第一道工序。拌料机有各种型号,主要有槽式拌料机和过腹式拌料机 2 种。目前使用的主要是槽式拌料机。该机由拌料滚筒、螺带搅拌器、传动机构、卸料装置和机架组成,并附有卸料小车。培养料各组分装入拌料滚筒后,开动机器,通过搅拌轴来回转动,带动双向螺带运动,使培养料混合,并沿轴向位移,培养料充分混合后,即可停机。然后转动手摇把,使搅拌筒卸料口朝下,利用物料自重落进卸料装置。

装袋机有简易式和冲压式装袋机。装袋(瓶)机械,是将搅拌好的培养料装入袋(瓶)中的机械。

(6)其他用品

① 制母种用具:包括天平、电炉、铝锅、试管、玻璃漏斗、胶管、止水夹、纱布、棉塞、恒温培养箱、冰箱、记号笔、标签纸、温度计、试剂瓶、滴管、纱线、橡皮筋等。

② 制原种用具:包括拌料机、装袋机、磅秤、铁铲、耙、塑料筐、手推车、塑料套环、棉塞、培养箱等。

③ 消毒药与器械:包括 75%乙醇、75%乙醇棉球等。

二、母种制作

母种是从孢子分离、组织分离得到的第一代菌丝体，或扩大繁殖而成的试管斜面菌种。母种是菌种生产的根本，要求种性好、纯度高，不能有病虫害污染。衰老的母种不能用于生产。

培养基是用人工方法配合各种营养物质制成的供茶树菇生长繁殖的基质。培养基必须具备以下3个条件：第一，含有茶树菇生长所需的物质，如水分和养分，这些物质要有合适的比例；第二，具有合适的酸碱度和一定的缓冲能力，有合适的渗透压和一定的氧化还原电位；第三，必须经严格灭菌，保持无菌状态。

(一)母种培养基

母种培养基，即一级种培养基，是分离母种或将试管种扩大繁殖用的培养基。试管种是指将经孢子分离法、菇木分离法或组织分离法得到的纯培养物，移接到试管斜面培养基上培养而得到的纯种。母种培养基常用于母种分离、提纯、扩大、转管以及菌种保存。除单孢子分离的，一般获得的母种纯菌丝均具有结实性。

采用分离法获得的母种数量有限，一般可将菌丝再次转接到新的斜面培养基上进行转管繁殖，能得到更多的母种(称为再生母种)，既可用于生产，也适用于纯种的保藏。通常一支长满菌丝体的试管母种可分移成5～7支新试管。试管种若不马上使用可置于冰箱中保存备用。

1. 培养基类型

食用菌菌种的繁殖发育通常采用三级生产，即母种培育、原种培育和栽培种培育。因此，食用菌制种用的培养基也分为三种类型，即母种培养基、原种培养基和栽培种培养基。

2. 母种培养基常用原料

见表 2-3。

表 2-3 母种培养基常用原料

原料	说明
马铃薯	富含多种营养物质。一般含有淀粉、蛋白质、脂肪，还有多种无机盐、维生素及活性物质。其煮汁是配制母种培养基的常用原料
葡萄糖	一种易被吸收利用的单糖，是培养基中最常用的碳源。白色或无色结晶粉末，易溶于水
蔗糖	即食糖，可替代葡萄糖作为培养基的碳源。蔗糖经分解后，可成为菌丝易于吸收的单糖葡萄糖和果糖
磷酸二氢钾	白色颗粒状晶体，含有磷元素与钾元素。磷是核酸组成和能量代谢中的重要成分。缺少磷，碳和氮就不能很好地被菌丝利用。钾对菌丝细胞组成、营养物质吸收和呼吸代谢都十分重要。磷酸二氢钾还是一种缓冲剂，可使培养基酸碱度保持稳定状态，亦可用磷酸氢二钾代替
硫酸镁	颗粒状晶体或粉末，溶于水。主要供给镁元素和硫元素。镁能延缓菌丝体的衰老，促进酶系的活化，加速各种酶对纤维素、半纤维素和木质素等大分子物质的降解
蛋白胨	是蛋白质经酸、碱或蛋白酶不完全水解的产物。其组成和结构较蛋白质简单，比氨基酸复杂，可溶于水，是配制母种培养基常用的氮源
酵母膏	由啤酒酵母或面包酵母的浸汁经低温干燥而成。富含氨基酸、维生素和无机盐类，是一种营养添加剂
B 族维生素	需用量很少，在天然培养基中含量丰富，一般不必添加。在合成培养基中加入少量即可
琼脂	是由海藻加酸提炼干制后得到的一种多糖物质，透明或白色至浅褐色的片状、条状或粉末状，无色、无臭，不溶于冷水，在水中加热后成黏稠液。其含氮量低，性能稳定，不会被一般微生物分解利用。琼脂凝固点高，在 96℃以上溶解，呈液体状态。在 45℃以下凝固成固体状态，并能反复凝固，是一种优良凝固剂。培养基中加入一定量的琼脂，就能形成通体透明的斜面或平板，便于观察菌种生长情况和识别杂菌

3. 母种培养基配方

培育食用菌母种常用培养基见表 2-4。

表 2-4　食用菌母种常用培养基

马铃薯葡萄糖琼脂培养基	马铃薯 200 克，葡萄糖 20 克，琼脂 20 克，水 1000 毫升
PDA 综合培养基	马铃薯 200 克，蛋白胨 2 克，酵母膏 4 克，磷酸二氢钾 1 克，硫酸镁 0.5 克，琼脂 20 克，葡萄糖 20 克，水 1000 毫升
麦芽汁琼脂培养基	麦芽 50 克(煮汁)，酵母膏 2 克，蛋白胨 1 克，琼脂 20 克，水 1000 毫升
马铃薯麸皮培养基	在 PDA 培养基内加麸皮 20 克(煮汁)
酵母膏葡萄糖培养基	酵母膏 2 克，葡萄糖 20 克，水 1000 毫升
胡萝卜琼脂培养基	胡萝卜 100 克(煮汁)，硫酸镁 0.5 克，磷酸二氢钾 2 克，琼脂 20 克，水 1000 毫升，pH6～6.5
木屑麦粒培养基	木屑 100 克(煮汁)，麦粒 200 克(煮汁)，葡萄糖或蔗糖 20 克，琼脂 20 克，液体总量 1000 毫升，pH6～6.5

4. 母种培养基制作

① 选择培养基配方。按培养基的所需量计算各种原料的用量。

② 称量。准确称量配制培养基的各种原料。

③ 配料。首先制取马铃薯煮汁。将马铃薯洗净去皮切成薄片，切后立即放入水中，否则马铃薯易氧化变黑。称取马铃薯片后放在锅中加水加热，煮沸 15～20 分钟至薯片酥而不烂为止。用 4 层纱布过滤，取其滤液，加水补足，即为马铃薯煮汁。然后在煮汁中加入琼脂，并加热，不断用玻璃棒搅拌至琼脂全部溶解；再加入葡萄糖和其他原料，边煮边搅拌直至溶解，防止烧焦或溢出，烧焦的培养基其营养物质被破坏，而且会产生一些有害物质，不宜使用。

配制合成培养基，不同成分应按一定顺序加入，以免生成沉淀，造成营养的损失。一般是先加入缓冲化合物，溶解后加入主要成分，然后是微量元素和维生素等。最好是一种营养成分溶解后，再加入第二种营养成分。如各种成分均不会生成沉淀，也可一起加入。调节酸碱度一般用盐酸溶液和氢氧化钠溶液，注意分滴加入碱或酸，不可过量或少量，以避免某些营养成分被破坏。

④ 分装培养基。配好培养基后，趁热将其分装入试管内。

分装量最好不要超过管长的1/4。装管时勿使试管口沾上培养基，若不慎沾上需用纱布擦去，以防杂菌在管口生长。装完培养基后塞好硅胶塞或棉塞。塞子的作用，一是阻挡杂菌侵入，二是使试管透气。因此，塞子大小要合适，不能过松或过紧，要求在灭过菌后能方便地拔出或塞进去。棉塞的制作方法是：取适当大小的棉花，扯成圆形，再将棉花一层层叠在圆心，每层棉花的直径逐渐减小，达到一定厚度后，将整叠棉花放到右手拇指与食指围成的圆圈上，以左手拇指顶住棉花中心，再用力将棉花顶进指圈内，使之成一结实的球形，最后将保留在指圈外的棉花折转，成为两头光滑的蛋形棉球。将棉球的小头（指圈外折转的一头）塞入试管口（或瓶口），棉塞在管口内外的长度之比约为2∶1。制作棉塞要用普通棉花，不要用脱脂药棉，因药棉会吸潮，易染杂菌。

塞好塞子后，将试管直立于小铁丝筐中，盖上报纸或低压聚乙烯薄膜，用线绳扎好，以免灭菌时水蒸气浸湿，竖直放入高压锅内，进行灭菌。灭菌可在手提式高压灭菌锅或家用压力锅内进行，在110千帕压力下灭菌40分钟，待压力表降至零后，灭菌即完成。

经灭菌的试管培养基不要急于从锅内取出，待培养基温度下降至60℃时，再摆成斜面，使斜面占试管长度的1/2。为了减小培养基与室内的温度差，可用干净报纸或纱布将全部试管盖好，以尽量减少冷凝水的出现。

5. 其他培养基的制作

制作平板培养基时，应在无菌条件下，将经过灭菌的试管高层培养基或锥形瓶内的培养基，取10～20毫升倒入无菌培养皿中，使其冷却凝固成平板；高层培养基是将灭菌后的试管培养基直立放置凝固后而成的。用于保藏菌种的试管斜面，应制成底部培养基多些、斜面短些的半高层培养基，以减少蒸发面积，防止干缩，并保持足够的营养。同时，在棉塞前端包一层0.001厘米厚的低压聚乙烯薄膜，以防杂菌在棉塞上滋生。

(二)茶树菇菌种组织分离

分离纯菌种是制种工作的首要环节,这是一项技术性较强的工作。茶树菇菌种的分离,是通过茶树菇组织块或孢子作为繁殖材料,经过人工分离而获得纯菌丝。这样才能进行培养。

茶树菇菌种分离的方法,比较常用的有孢子分离法和组织分离法。采用孢子分离,分离的菌种菌龄短,生命力强,更有利于选出优良的后代。采用组织分离,取材广泛,操作简便,易于成功,而且所得到的后代不易发生变异,能将纯菌丝后代和杂交育种获得的新品种遗传性稳定下来,保持亲本的优良性状。

1. 组织分离法的特点

这是利用茶树菇子实体的幼嫩组织,在适宜的培养基和生长条件下,使之"返老还童",促使它恢复到菌丝生长阶段,长成没有组织化的菌丝体,从而获得纯菌种的一种简便方法。组织分离,犹如利用高等植物枝条扦插和分根繁殖一样,具有较强的再生能力和保持亲本种性的能力。茶树菇菌种生产主要采用组织分离法。

2. 组织分离法的操作步骤

① 先选出标准茶树菇种菇:选出菇早、整齐均匀、健壮无病、七八分成熟、未完全开伞的幼菇。

② 种菇消毒:切去菇体基部的杂质,放入 0.1%升汞溶液中浸泡 1～2 分钟,取出后用无菌水冲洗 2～3 次,用无菌纱布擦干。

③ 接种块切:用手术刀把种菇纵剖为两半,在菌盖和菌柄连接处用刀切成 3 毫米见方的组织块,用镊子或接种针挑取并迅速放入试管中,立即塞好试管塞。

④ 接种培养:将接进组织块的试管立即放入恒温箱中,在 25～27℃条件下培养 3～5 天,长出白色菌丝;10 天后,通过筛选,挑出发丝快的试管继

续培养，将染有杂菌和长势弱的菌丝淘汰；16～24 天后，菌丝会长满全管。

3. 母种培养

由组织块得到的菌丝和孢子分离得到的菌丝，要进一步筛选，挑出生长势强、菌丝粗壮的，连同试管立即放入恒温箱中，在 25～27℃条件下培养观察。注意：有些试管会出现红褐色斑纹，这不是污染点，应视为优良菌种。将筛选出的优良菌种，每 5～7 支捆成一把，用黑纸包好，并注明分离日期，保存在装有液状石蜡的容器内。环境应保持干燥、卫生、光线较暗。茶树菇菌种的保存时间如果超过 3 个月，则要转管 1 次，进行复壮。

通过上述方法所获得的纯种，还需要经过各种性质的测定，从中选出最优的菌株。

母种培养期间若通气不良，氧气不足，则菌丝容易衰老发黄。因此，大量的母种不宜放在通风不良的恒温箱内培养，而应放在通气较好的恒温室培养。如果没有恒温室，放在恒温箱内的菌种不能过分拥挤。培养室、箱的温度一般控制在 25℃左右，空气相对湿度不超过 80%。接种后的母种最好竖直放在小铁丝筐内培养，这样可避免培养过程中凝结水溢流到斜面上；如果采用平放，应将管口前端稍微垫高，并使斜面朝下。在正常情况下，母种接种后即以种块为生长点向四周呈辐射状蔓延。培养后要逐管检查杂菌污染情况以确保母种纯度。若斜面上出现黏稠状物，大多数是因为培养基灭菌不彻底造成的细菌污染。而斜面上出现分散性菌落，则多为菌种带杂菌所致。在适温下母种培养 10～15 天菌丝即可长满斜面。如暂时不用，应在母种尚未长满之前及时移入冰箱保鲜室保存。保存时棉塞一头要朝外，但须用报纸包扎或盖好以防冰箱冷凝水使棉塞受潮。试管母种要贴上标签防止品种混杂。

4. 母种的转管扩接

分离成功的试管母种，还需要在斜面培养基上扩大培养一次，这个过程称为转管，又叫转代、继代、续代转管，具有以下几个作用。

① 分离成功的试管母种，一般数量少，不敷使用。转管后，可使一支试管种扩大为几十支甚至上百支，从而满足生产上的需要。

② 分离成功的母种，若经试用后表现性状优良，则须转管扩接，除大量供应生产所需外，还能保存一批，供今后使用。

③ 外地引进的试管种，亦须扩大，以供保存和使用。

④ 母种保存到一定时间，培养基养分耗尽，菌丝亦会老化，故应转管后再行保存，以免菌种丧失活力。

⑤ 保存种数量少，提供生产前亦须转管扩大，以充分满足需要。

⑥ 轻度污染的试管种，如来之不易，或弃之损失较大时，亦须转管，予以纯化。

转管必须按无菌操作进行。用接种刀把试管内的菌丝体连同培养基切成 2～3 毫米大小的小块，随即移入另一支经灭菌的试管斜面培养基的中央定植。

在生产菌种时，最好一次多培育一些母种，不要多次转管繁殖，以免造成菌丝生活力削弱，出菇率低，影响栽培效果。一般情况下，分离所得的母种，转管的次数不要超过 5～6 次。

三、原种栽培种制作

原种是由母种繁殖而成的。原种培养基，即二级种培养基。常用的容器是直径 5 厘米左右的菌种瓶，也可用聚丙烯塑料袋。原种主要用于制作栽培种，也可以直接用于播种、生产。其与栽培种相比较具有量少、菌龄低和质量好的特点。对原材料要求高、制作更精细。对培养基的要求如下。

1. 营养物质适宜

制备培养基首先应根据培养目的，选择适宜的营养物质。茶树菇菌种制备过程中，从母种到原种、栽培种，各个阶段的目的要求不同，所选用培养基的营养成分也应有所区别。一般母种菌丝较嫩弱，分解养分能力差，要求营养丰富，氮和维生素的含量高，宜选用易于被菌丝吸收利用的物质，如葡萄糖、蔗糖、马铃薯、酵母膏、蛋白胨、无机盐及生长素等原料。因原种和栽培种所需培养基数量较多，且菌丝分解养分能力强，可利用大量富含纤维素的棉籽壳、麸皮、米糠等原料作为培养基。

2. 养分配比合理

培养基中各种营养物质的比例是影响茶树菇菌丝生长发育的重要因素，尤其是碳氮比例要适当。培养基中碳源供应不足，容易引起菌丝过早衰老和自溶。氮源过多或过少，使菌丝生长过旺或生长缓慢，均不利于菌丝正常生长。

3. 适宜的酸碱度

培养基应保持食用菌菌丝生长发育所需要的酸碱度，即 pH 值。各种食用菌培养所需的 pH 值不同，如前面所说，茶树菇适宜的 pH 值为 5～6.5。在食用菌生长过程中，随着代谢产物的积累，往往会造成 pH 值下降，因此，在配制培养基时，应根据情况将 pH 值适当调高 1 个单位。

4. 原料经济实用

要大批量制作菌种，应选用质好价廉的原料制作培养基，以降低生产成本。制作茶树菇原种、栽培种，因原料用量较大，应就地取材。一般选用价格低廉的棉籽壳、木屑、麸皮等原料。

四、制种注意事项

接种是食用菌制种工作中的一项最基本的操作，无论是菌种的转代、分离、鉴定，还是进行食用菌形态、生理、生化等方面的研究都离不开接种操作。接种的关键是严格的无菌操作，根据不同的目的，不同的菌类及同一菌类用不同的接种容器，接种方法都有所区别，但在无菌条件下进行严格的无菌操作，这一点是必须遵守的。

(一)无菌操作

在严格的消毒灭菌条件下进行的菌种移植操作称为无菌操作。虽然各级菌种的接种有所差异，但无菌操作的基本要点是相同的。

接种前对接种箱、室进行清洁消毒，并准备好接种用具。将待接种的培养基放入接种箱或室内架子上，用药物熏蒸或紫外线灯杀菌消毒。操作人员换好清洁的衣服，同时洗手然后将菌种带入接种箱(室)内。取75%乙醇溶液棉球擦拭双手、接种容器表面、工作台及接种工具。点燃酒精灯，开始接种操作。因火焰周围8～10厘米直径范围内的空间为无菌区，所以接种操作必须靠近火焰，但注意不要烫伤菌种。

1. 无菌操作要点

接种空间一定要彻底地消毒灭菌。菌种所暴露或通过的空间必须是无菌的。菌种管口、瓶口的部分必须用酒精灯火焰封闭。各种接种工具在和菌种接触前都应该经火焰灼烧灭菌，冷却后再接菌种，以免烫死或烫伤菌种。

试管塞塞入管口或瓶口的部分，拔出后不要与未经灭菌的物体接触。

每次接种的时间不宜过长，以免空气中杂菌的基数不断地积累，影响转管、接种效果。操作人员最好更换消毒的工作服，戴口罩，双手要用75%乙醇溶液涂搽消毒。

整个操作过程中动作必须准确迅速无误，始终坚持无菌操作。

2. 接种箱、接种室和超净工作台的无菌操作程序

(1)接种箱

① 紫外线灯消毒：将接种瓶、袋和接种用具放入已灭菌的接种箱内，再打开紫外灯。接种人员的双手和菌种管、瓶、袋的外壁均需用75%乙醇溶液棉球擦拭灭菌。

② 规范操作:接种时掉落的菌块或打碎的装菌容器,要用75%乙醇溶液棉球收拾干净,方可继续工作。接种时要注意安全,如棉塞着火,应立即熄灭。

③ 接种后处理:接种完毕后,须将接种物与用具全部搬出,用乙醇棉球擦拭箱内各个部位及接种用具,保持清洁干燥。补加酒精灯中的乙醇,为下次接种做好准备。

(2)接种室

接种室准备:接种室使用前,先打开缓冲间和接种间紫外线灯照射15~30分钟,将已灭菌的培养基,所需器材、用具,以及工作衣帽等搬入缓冲室,接种前穿好无菌工作服和鞋,戴好口罩、帽子。把所需物品搬入接种室,检查各种用具是否齐备。接种操作时,动作力求迅速、轻巧,尽量减少污染的机会。用过的棉球、废物应放入容器内,不得丢在地上。其他方面与接种箱的操作要求相同。接种后处理,接种完毕,把东西搬出,将桌面收拾干净,用杀菌药液擦净台面及地面。

(3)超净工作台

紫外线灯照射:将接种瓶、袋和接种用具放入已灭菌的接种室内,再打开紫外线灯照射。开动风机,等机器正常运转后,操作区空气净化完成,再行接种。

接种操作:工作人员穿无菌工作服和鞋,戴好口罩、帽子。接种用具放在台面两侧或下风侧,操作人员的手置于接种材料的下风侧。工作时严禁摇头、快步走动。

(二)接种方法

1. 母种接种

按上述要求做好无菌操作准备以后,首先拔去菌种棉塞,夹在右手指缝间或放在酒精灯旁的乙醇棉上,试管口放在火焰上转动灼烧,然后用接种针蘸乙醇，在火焰上灼烧，冷却后挑取少许菌种，放入适宜的培养基表面，最后将棉塞在火焰上通过并塞入管口，即完成接种操作。

2. 母种转管

将试管中的菌种接种到另外的试管培养基上称为转管。制作二代、三代母种实际上就是转管。通过转管，1 支母种可扩大 5～7 支，因此这也是母种的扩大培养。接种后将试管置于黑暗中恒温培养。

3. 原种接种

按无菌操作规程做好准备后，取母种 1 支，拔去棉塞，在酒精灯火焰上灼烧管口，放在台面上；再取装有原种培养基的瓶子，拔去棉塞，横放或倒放在台面上，用接种针取一块母种放入原种培养基瓶中，将棉塞过火后塞入瓶口即可。

4. 接种注意事项

一是保持个人卫生。接种人员要穿戴工作服、帽和口罩及拖鞋。普通农户接种人员，要求洗净头发并晾干，更换干净衣服后方可操作。接种前双手用 75％乙醇擦洗或戴乳胶手套，严格执行无菌操作规程。

二是接种时切勿使试管口、瓶口或培养皿开缝处离开酒精灯火焰的无菌区。操作时试管口、瓶口尽量不向上，以减少杂菌污染机会。接种时人在室内尽量不走动或少走动，以减少空气流动引起的灰尘污染。接种时留下的污物如用过的乙醇棉、菌种碎屑、分离物残余等要及时清除，以免引起污染。

(三)菌种培养方法

菌种接种后，应立即转移至培养室或恒温箱培养，即菌种培养。培养室每次启用前，都必须进行清理消毒。先在培养室的空间、墙角喷洒新洁尔灭等消毒液，再打开门窗，待气味完全消失后使用。

原种和栽培种一般竖放在培养架上，以利菌种定植。培养室的温度一般控制在25℃左右，可根据不同季节作适当微调。菌种块萌发长出白色菌丝后，菌丝开始向培养基中生长。在菌种培养期间，要做好以下几方面的管理工作。

一是经常检查培养温度，特别是在高温季节，要注意防止高温烧菌。在菌丝培养中，室温和料温有一定温差，菌种生长旺盛时，培养基中央温度比室温高；如果培养房不通风，热量不易散发，温度还会上升。所以在夏季和早秋季节制作菌种，瓶与瓶、袋与袋之间要留有空隙，以利于散热降温，必要时要开门窗通风，散发室内积累的热量。在低温季节培养菌种，通过菌种瓶、袋堆积培养提高温度，可节省能源消耗。

二是检查菌种污染情况。接种后开始检查菌丝是否污染杂菌，如发现有黄、绿、橘红、黑等颜色菌丝即为污染杂菌，要及时拣出集中处理。污染轻的可将培养料倒出来拌一些新料重新装瓶、袋；污染重的，则将培养料在远离培养室的地方集中堆积发酵，用作肥料，堆积时要用塑料膜盖好，防止杂菌孢子污染环境，造成更大面积的污染。一般当菌丝生长完全覆盖培养基表面时，污染风险下降，每周检查1次即可。检查袋装菌种时，尽量不要翻动菌袋，可先进行目测，如果发现有问题，再翻动检查。一般由菌种不纯引起的污染，往往造成瓶、袋小片污染，以及空气中杂菌污染，呈零星分布。若是培养基消毒不彻底引起的污染，则整锅的菌袋全部污染。

三是接种后菌种块不萌发的瓶、袋，要挑出单独放置。1周后仍未萌发的，要重新回锅灭菌后，再进行补接种。

四是控制培养室环境。菌种培养室要保持空气新鲜和室内清洁卫生，空气相对湿度控制在80%以下，湿度过大时要加强通风。调整合适光照，在黑暗和弱光下菌丝生长较好。

菌种培养好后要及时使用。一般菌丝长满瓶后，菌丝正处于最佳生长期，及时接种，能表现出较强的适应性；存放过久，培养时间过长，不但养分消耗多，且菌丝老化。

第三章

茶树菇栽培技术

一、菌种与生产季节

菌种的优劣直接影响生产的成败。要获得茶树菇生产的高产、优质、高效益,除了要全面掌握茶树菇生产培养的基本技术外,掌握茶树菇菌种的特性,也至关重要。

茶树菇按其子实体发生时的温度划分,有以下三种温型:10～16℃的属中偏低温型品种,16～20℃的属中温型品种,20℃以上的属中高温型品种。

中偏温低型子实体分化发育温度为10～18℃,适宜温度为10～16℃,在春季(早春)、冬季出菇。

中温型子实体分化发育温度为10～20℃,适宜温度为16～20℃,在春季和秋季出菇。

中高温型子实体分化发育温度为15～26℃,最适温为20～24℃,在春末夏初、早秋出菇。

各地可根据当地的气候条件选择栽培适期。根据出菇季节的温度和菌丝生长温度、子实体形成温度的生物学特性要求,科学安排春、秋两季栽培季节。春栽安排在3～6月出菇,秋栽安排在8月下旬至11月出菇。

二、栽培原材料选择

在茶树菇栽培料中增加有机氮(如麸皮、米糠、玉米粉、饼肥等)的比例有利于提高产量。目前商业化大面积生产,多采用棉籽壳为主料的配方,棉籽壳富含纤维素,而且蓬松透气性好,有利于菌丝生长,生物学转化率较高。各地可根据原料情况,以效益为准则选择配方。

辅料,是指茶树菇培养基中的部分配合营养料,分碳源辅料、氮源辅料和矿物质辅料3种。根据主料理化性状的优缺点,添加辅料补其不足,达到优化的效果。添加辅料一般可起到调节酸碱度、碳氮比，以及纤维素、木质素之比，增加碳、氮和矿物质、维生素等营养成分的作用，使培养料营养全面。为了增强培养料的透气性和固型性，常添加稻壳和棉籽壳。调节碳氮比，常添加麸皮、米糠和玉米粉。调节和稳定 pH 值，常加石膏、石灰等。主、辅料缺磷，可以添加适量过磷酸钙，或磷酸二氢钾，或复微石膏等。其中，碳源辅料有利于茶树菇培养初期菌丝的定植，以及对其他碳源的利用。栽培茶树菇较常用的辅料有麦麸（或米糠）、蔗糖、玉米粉、黄豆粉、饼肥（或枯饼粉）、石膏粉、碳酸钙、复合肥（或磷酸二氢钾）和硫酸镁等。常用主料有马铃薯、琼脂、小麦（或大麦）和绿豆等。

（一）碳源辅料

1. 玉米粉

品种与产地不同，玉米粉的营养成分也有差异。一般 100 克的玉米粉中，含可溶性碳水化合物 69.9%，粗蛋白质 9.6%，粗脂肪 5.6%，粗纤维 3.9%，粗灰分 1%，尤其是维生素 B_2 的含量高于其他谷物。在茶树菇培养基中加入 3%～5%的玉米粉，可增加碳素营养源，加强菌丝活力和抗衰老能力。

2. 蔗糖

蔗糖也是茶树菇培养料中常用的辅助碳源。在培养料中加入蔗糖，有利于菌丝的恢复和生长。配方中蔗糖的常用量为 0.5%～1.5%。由于茶树菇菌丝在接种过程中受到损伤，接入料中后，还没有分解和吸收木屑等培养料中营养成分的能力，需要一段时间的恢复；而恢复后的菌丝，生命活动虽很旺盛，但在分泌胞外酶方面还不活跃，菌丝侵入木屑等培养料需要很强的侵蚀能力，急需大量的能量来满足生长需要。此时，只有糖（单糖、双糖）最容易被吸收利用。此外，菌丝吸收一些糖后，又可激活胞内一些酶的活性，使生长更加迅速旺盛。如果缺糖，并且又没有其他可以替代糖的物质，势必影响菌丝生长。但糖的比例也不能过高，如果达8%以上，培养基内水分的溶质含量过高，会使菌丝细胞的水分外溶，不利于菌丝的新陈代谢活动，呈纤弱状态。生产中白糖、红糖均可作为辅助碳源，添加到培养料中。

(二)氮源辅料

1. 麸皮

麸皮又叫麦皮，是加工面粉后的副产品。据分析，麸皮含粗蛋白质14.29%，粗脂肪4.28%，粗纤维9.3%，粗灰分4.75%，无氮浸出物55.58%；此外，还含有12种氨基酸和磷、钙、铁、锰、铜、锌、钴、硒等营养元素。用麸皮来调节培养料的碳氮比，可促进培养料中其他成分的利用，对提高产量有重要作用。一般使用量为20%～30%。其中，红皮、粗皮构成的培养料透气性好；白皮、细皮淀粉含量高，添加过多易引起菌丝徒长。从生产应用效果看，麸皮优于米糠。

2. 米糠

米糠是糙米加工成白米后的副产品。它分为白糠和青糠；其分级有细糠、三七糠、二八糠和一九糠。以青糠为例，它含粗蛋白质14.1%，粗脂肪9.92%，粗纤维5.95%，无氮浸出物50.63%，粗灰分7.69%；还含有12种氨基酸，其中精氨酸含量较高。在粗灰分中，含有磷、钾、钙、镁、铁、锰、铜、锌等营养元素，还含有丰富的维生素B_1、维生素B_2和烟酸等。

麸皮中蛋白质、纤维素和无氮浸出物的含量比米糠高；而脂肪、总氨基酸和维生素的含量，米糠高于麸皮。培养料添加20%的麸皮栽培茶树菇，其产量相当于添加30%米糠的产量。由于米糠含油脂量较高，易感染杂菌，生产中以添加20%～30%为宜。

米糠贮存要注意防潮、防高温。因为米糠中的脂肪存放1个月被分解60%；遇高温、高湿，则烟酸全被破坏，还易产生螨害。

3. 饼粕

饼粕是油料作物种子提取油后的残渣。采用压榨法榨油的残渣称为饼,用溶剂浸出法提取油脂后的残渣叫粕,为粗粉状。饼粕营养丰富,含氮量较高,有机质丰富,油脂含量较高,能促进茶树菇香味物质形成。茶树菇所含的18种氨基酸,饼粕中含量极高。

饼粕主要有豆饼(粕)、茶籽饼(粕)、菜籽饼(粕)、棉籽饼(粕)、花生饼、芝麻饼、葵花籽饼、胡麻饼和棕榈籽饼等。

4. 谷物类辅料

该类辅料主要有小麦、大麦、燕麦、大豆、绿豆、玉米、高粱和稻谷等,是目前茶树菇生产中较理想的碳氮源辅料。菌种生产中采用小麦、玉米等谷粒培养菌种,接种后菌丝生长快,生活力强,产量高。

(三)矿物质辅料

1. 石膏

石膏又叫硫酸钙,能溶于水,但溶解度不大。石膏可补充茶树菇生长的硫、钙等营养元素。它虽然不含氮、磷、钾,但能使气态氮固定成化合态氮,并能减少培养料中的氮素损失。它还能加速培养料中有机质的分解,促进培养料中可溶性磷、钾迅速释放,供给茶树菇菌丝吸收利用,从而提高子实体的重量。石膏属中性弱酸盐,虽不能用来调节培养料的酸度,但具有缓冲剂的作用。石膏的另一作用,是能将培养料中的腐殖质凝结成颗粒结构,使黏结的堆料变得松散,有利于氨气的挥发,进而改善培养料的通气性状,促进微生物的繁殖活动,提高培养料的持水力和保肥力。石膏中钙还有促进子实体形成的作用。

茶树菇生产中,宜选用煅烧后的熟石膏。生产中常用农用石膏粉,价格便宜,要求细度为80～100目,纯度目测,色白,在阳光下有闪光的即可。

2. 碳酸钙

碳酸钙又叫白垩或石灰石粉，呈弱碱性，是一种用石灰石加工磨碎的白色固体粉末。碳酸钙不溶于水，但如果水中有较多的二氧化碳，则能使其溶解，生成可溶性的碳酸氢钙。茶树菇菌丝体在含水的基质中生长，并不断排出二氧化碳，而二氧化碳又被碳酸钙吸收，生成碳酸氢钙，从而能不断地为茶树菇提供钙质营养。除补充钙素外，碳酸钙还能中和菌丝生长时的有机酸，使培养料的 pH 值不致下降过低。其用量一般为培养料干重的 1％～2％。市售碳酸钙分重质碳酸钙(机械磨碎加工品)和轻质碳酸钙(化学粉碎加工品)2 种，均可使用。碳酸钙如果短缺，也可用石灰或石膏粉代替。碳酸钙性质稳定，但不具消毒功效。

3. 石灰

石灰即氧化钙，遇水变成氢氧化钙，呈碱性。配料时宜添加 1％～5％的石灰，用以调节 pH 值。

4. 过磷酸钙

过磷酸钙也叫普钙或过磷酸石灰，是一种弱水溶性的磷素化学肥料。大多数为灰白色粉末，易吸湿结块，含有效磷酸 15％～20％。培养料中添加过磷酸钙，可补充磷素、钙素的不足，同时磷能促进微生物的分解活动，有利于培养料堆制的发酵腐熟，还能与堆料中过量的游离氨结合，形成氮化过磷酸钙，防止培养料中铵态氮的逸散。过磷酸钙是一种缓冲物质，可使培养料中的酸碱度不致变化过激，并可改善培养料理化性状，磷本身又是子实体生长发育阶段不可缺少的物质。过磷酸钙的使用量一般为 0.5％～1％。

5. 硫酸镁

硫酸镁为无色或白色结晶体，易风化，有苦咸味，可溶于水。它对微生物细胞中的酶有激活反应，能促进代谢。在培养基配方中，一般用量为 0.03％～0.05％。添加硫酸镁，有利于菌丝生长。

(四)栽培原料配方

配方一:棉籽壳73%,麦麸20%,豆饼或茶籽饼5%,蔗糖1%,碳酸钙1%。

配方二:棉籽壳56%,木屑17%,麦麸20%,豆饼或茶籽饼4.9%,蔗糖1%,碳酸钙1%,磷酸二氢钾0.1%。

配方三:棉籽壳36%,木屑36%,麦麸20%,玉米粉5%,豆饼或茶籽饼粉1%,蔗糖1%,碳酸钙1%。

配方四:棉籽壳38%,草粉38%,麦麸19.5%,石膏粉1%,蔗糖1%,碳酸钙0.5%,豆饼或茶籽饼2%。

配方五:木屑38%,棉籽壳35%,麦麸15%,玉米粉6%,豆饼或茶籽饼4%,石膏粉1%,蔗糖0.5%,磷酸二氢钾0.4%,硫酸镁0.1%。

配方六:木屑38%,草粉38%,麦麸19.5%,石膏粉1%,蔗糖1%,过磷酸钙0.5%,豆饼或茶籽饼2%。

配方七:木屑55%,棉籽壳20%,麦麸15%,豆饼或茶籽饼3%,玉米粉4.5%,石膏粉1%,蔗糖1%,磷酸二氢钾0.4%,硫酸镁0.1%。

配方八:木屑75%,麦麸20%,豆饼或茶籽饼3%,蔗糖1%,碳酸钙1%。

配方九:木屑38%,稻草粉(玉米芯)37%,麦麸23%,石膏粉1%,过磷酸钙0.5%,石灰0.5%。

配方十:木屑34%,棉籽壳33%,麦麸20%,玉米粉5%,豆饼或茶籽饼5%,蔗糖1%,碳酸钙1%,石膏粉1%。

配方十一:木屑30%,棉籽壳38%,麦麸18%,玉米粉8%,豆饼或茶籽饼3%,石膏粉1%,蔗糖0.5%,茶叶0.5%,磷酸二氢钾0.5%,复合肥0.5%。

配方十二:甘蔗渣78%,麦麸15%,玉米粉5%,石膏粉1%,碳酸钙1%。

配方十三:甘蔗渣60%,木屑12%,麦麸20%,玉米粉5%,石膏粉1.5%,磷酸二氢钾0.4%,硫酸镁0.1%,蔗糖1%。

三、菌袋栽培

(一)菌袋制作

茶树菇属于木腐菌类,所以和大多数木腐菌一样可采用袋式熟料栽培,因此可以参照金针菇生产制作菌袋。选用规格为折径宽15～17厘米,长35厘米、单层厚0.05厘米的低压聚乙烯塑料袋,每袋装料干重350克左右、湿重720～750克,装料松紧适度,高度14～15厘米,稍整平表面,捏紧袋口,套上套环,塞上棉花。注意松紧要适度,以提起棉花塞塑料袋不掉下来为宜,随后将料袋置于周转筐中,整个装料过程要注意保护好料袋,为了缩短培养时间,保证袋中心预留孔洞完整和深度,装袋应在6小时内完成。

(二)菌袋灭菌和冷却

茶树菇抗杂菌能力较弱,因此灭菌要彻底,制作过程要严防菌袋被刺、磨穿孔,以防杂菌污染。装好的栽培袋要及时进行灭菌。这是栽培袋制作成功的关键之一。进行常压蒸汽灭菌,栽培袋须分层直立排放,料面朝上,袋间须留有空隙,使蒸汽能够均匀流通,起温时要猛火攻头,要求3～4小时温度达到100℃,并保持14～18小时(具体保温时间视栽培袋数量而定,数量越多需要保温时间越长),此期称保温灭菌期。在保温灭菌期内,温度不能下降,否则灭菌不彻底。在实际操作过程中,温度下降,或灭菌保温时间不够,都会造成培养料夹生,达不到灭菌的要求。待温度下降到60℃以下时再开柜。经过灭菌的料袋趁热移入冷却室,待其温度降到30℃以下,再进行接种。为了减少二次污染的机会,冷却室要提前进行消毒和灭菌。

(三)菌袋接种

料袋温降至30℃以下即可接种。接种箱或接种室应消毒完全。接种后对菌袋避光培养。茶树菇菌丝恢复期吃料慢，且易发生杂菌虫害，因此接种后注意培养室清洁、干燥和通风换气，防止温度过高或过低，促进菌丝均匀生长。同时要进行经常性检查，如有发现杂菌污染的菌袋，要及时搬出处理，防止扩散蔓延。一般接种后30～40天菌丝即可长满菌袋。接种注意事项如下。

① 接种前必须使料瓶（袋）冷却到适宜温度，防止高温接种热死菌种。接种前半小时，应将原种瓶、接种工具及用品放入接种箱（或接种室），然后用5%石炭酸液喷雾消毒，并开启紫外线灯照射灭菌半小时。若使用久停不用的接种箱（室），则事先必须用甲醛和高锰酸钾熏蒸处理。

② 操作人员进入接种室前，先用肥皂洗手，换工作服，戴上口罩和工作帽，穿上工作鞋。

③ 接种前1分钟，用75%乙醇擦手，严格无菌操作（同母种接种无菌操作法），要求有序不乱，操作敏捷快速，减少空气流动。

④ 接种时，用脱脂棉蘸上75%乙醇，进行种管外壁消毒。接着，拔取棉塞，用火焰烧一下管口（或瓶口），把烧过的接种锄迅速插入种管内冷却。之后，将斜面前端1厘米长的菌丝块挖去，再把剩余斜面分成4～6段，分别取出接入原种瓶的穴位中心。1管母种可接种4～6瓶原种。

⑤ 接种完成后要及时清理残留物。在接种过程中，菌种瓶的覆盖膜废弃物，尤其是工作台及地上的木屑等杂物，必须集中一角，不要乱扔。

⑥ 待每批料袋接种结束后，结合通风换气，进行一次清除，以保持场地清洁，杜绝杂菌污染。

⑦ 加强岗位责任。由于袋栽茶树菇生产规模较大，一般每次接种，少的1000袋，多则3000～4000袋，接种工作量相当大。在操作过程中往往会出现开头严格，随后逐步松懈，以致杂菌污染。因此，要安排好人手，落实岗位责任制，加强管理，认真检查，及时纠正，确保始终按照规范化技术要求进行操作。

⑧ 菌种不要弄碎，尽可能保持整块。这样菌丝萌发快，成活率高。

(四)菌袋培养

原种培养室要求清洁、干燥和凉爽。不论是在日光温室发菌，还是在室内发菌，在进袋前10天要将发菌场地打扫干净，并进行彻底消毒，每立方米用硫黄10～15克熏蒸24小时以上，既杀虫又灭菌。也可用每立方米10毫升甲醛，加入5克高锰酸钾，熏蒸消毒24小时以上。菌袋在接种后，一般以竖立排放在室内的层架或地面上，即将菌袋一个挨一个摆放，两个菌袋间留1～2厘米的间距；也可重叠摆放，温度高时摆放4层，温度低时摆放6层，垛与垛间要留40～50厘米的人行道。定期翻堆。翻堆在发菌期间是重要的管理措施之一，发现污染菌袋，及时拣出；同时，翻堆可以调换菌袋位置，使菌袋发菌均匀一致，利于出菇期管理。在菌丝布满菌袋两端料面时(10～15天)进行第一次翻堆，将中间上下、左右位置的菌袋互调，注意翻堆时不要改变菌袋的放置方向，这样有利于菌丝的生长；以后每隔7～10天翻堆1次，直至菌袋长满。高温季节要增加翻堆次数，以防烧堆。

接种后10日内，室内温度要保持23～25℃。由于菌丝呼吸会放出热量，当室温达到25℃时，袋内菌温可达30℃左右，所以室温不宜超过27℃。如果温度过高，则菌丝生长差，影响菌种质量，应加强通风。室内空气相对湿度以70%以下为好。培养室的窗户要用黑布遮光，以免菌丝受光照影响，使培养料内水分蒸发，造成原基老化。同时保证空气流通。

当菌丝长到培养基的1/3时，随着菌丝呼吸作用的日益加强，袋内料温也不断升高。此时室温要比开始培育时降低2～3℃，并保持室内空气新鲜，20天后室温应恢复至25℃。

(五)出菇模式

1. 层架式立体栽培模式

菇棚内搭起床架，充分利用空间，菌袋直立于床架之上，这种方法占地面积小，而栽培量较大，同时菇棚的温度、湿度、光线等环境条件较易控制，生物学转化率较高，因此效益较高。

2. 菌墙双向栽培模式

这种模式是木腐菌常用栽培模式，菌袋重叠成6～8个袋高的墙，菌袋两端解开袋口出菇。

3. 覆土出菇模式

将菌袋脱去薄膜，菌筒竖立于畦床上，用肥土填满袋间和覆盖畦面，形成埋土出菇模式。这种模式占地面积较大，费工。

（六）出菇管理

茶树菇出菇管理的重点，是控制温度、湿度、空气、光照等，以满足茶树菇生长发育的需要。

在正常情况下，茶树菇必须达到生理成熟才能进行出菇，一般接种后55～60天即可出菇。菌丝生理成熟（菌丝浓白，袋口开始吐黄水，继而变褐色）时，解开袋口，摆放在出菇场内。菌袋可以直立摆放一端出菇，也可并排摆放两端出菇。出菇前要对出菇场所进行消毒和杀虫处理，用3%～5%石炭酸杀菌消毒加0.5%敌敌畏溶液喷雾杀虫。出菇期间，控制空气相对湿度在85%～90%，光线强度控制在50～500勒克斯，温度控制在18～30℃，适当通风。

四、茶树菇高产栽培技术要点

栽培茶树菇通常采用菌墙袋栽技术。这种栽培方式是对食用菌传统栽培方法的重大改进，符合茶树菇生长发育对环境条件的要求，且具有不受场地限制等优点，适合普通农户栽培，经济效益高，已普遍为广大菇农、生产专业户所采用。

茶树菇菌袋栽培采用15厘米×30厘米和17厘米×33厘米、厚度均为0.04毫米的2种规格的塑料袋套袋为容器。这种方式又称菌包栽培。它的生产周期短,从接种到出菇只需60～80天,可控性强,温、湿度以及通风时间均可人工控制,生产工艺简单,管理方便,可以充分利用农家空余闲房及废旧仓库,并且劳动强度不大,无论单位、企业或个人,都可以进行不同规模的生产。此外,还可以利用机械进行作业,便于茶树菇集约化和规模化栽培。

(一)栽培材料、栽培时间和栽培品种的确定

1. 就地取材

我国栽培茶树菇的原料资源十分丰富,各地可参照不同培养料的配方,选择不同原料,科学配制培养料。我国农村、山区林木资源丰富,可选用以木屑为主料的配方,并且充分利用枝梗材、边角材和木屑等,以减少对林木资源的消耗。茶、桑产区,可利用树枝修剪和更新后的茶、桑枝干,粉碎后是栽培茶树菇的好原料。平原地区和城镇林木缺乏,可采用棉籽壳和其他农作物秸秆屑为主料的代料栽培。棉花产区,可利用棉籽壳和棉秆做栽培材料。玉米产区,玉米芯、玉米粉和玉米秸秆均可用作栽培茶树菇的原材料。高粱和大豆产区,也可充分利用高粱和大豆秸秆、高粱壳和大豆粉栽培茶树菇。稻、麦产区,更可发挥稻麦秸秆取之不尽、用之不竭的优势,以其作为栽培材料。此外,我国酿造工业的下脚料数量也十分可观,可利用这些下脚料来栽培茶树菇。

2. 合理确定栽培时间

栽培茶树菇,应当根据菌丝生长和子实体发育所需要的最适环境条件,合理安排栽培时间。我国大部分地区属温带和亚热带,气候温暖,雨量充沛,在自然气候条件下,春、秋两季均可栽培茶树菇,在南方沿海地区可以周年生产茶树菇。

由于我国南北气候不同,同样的春、秋季节,气候差异甚大。因此在安

排栽培时间时，必须掌握茶树菇属中温型菌类的特点。其菌丝生长适温为22～27℃，当温度低于14℃时，菌丝生长缓慢，生产时间拖长，且易老化；高于28℃，菌丝则生长过快，并且细弱易衰退。其子实体生长最适宜温度为16～24℃，低于15℃时，不易出菇；高于28℃时，子实体薄而色淡；超过30℃时，子实体难以发生。

代料栽培茶树菇，要先培育菌丝体，时间需50～60天；然后转入出菇，生长期还需要50～60天。因此，各地安排栽培时间时，要考虑两个方面：①菌丝体培养期间的最适温度和适温范围；②兼顾长菇期间的最适温度和适温范围。要避过高温期，以免高温高湿造成杂菌污染。根据各地实践经验，利用自然气温条件生产茶树菇，其栽培时间具体如下。

长江以南诸省，春季宜2月下旬至4月上旬培育菌丝体，4月中旬至6月中旬长菇；秋季宜8月下旬至9月底培育菌丝体，10月上旬至11月底长菇。华北地区，以河北省中部气温为准，春季宜3月中旬至4月底培育菌丝体，5月初至6月中旬长菇；秋季宜7月上旬至8月中旬培育菌丝体，8月下旬至10月中旬长菇。西南地区，以四川省中部气候为准，春季宜4月上旬至5月中旬培育菌丝体，5月下旬至6月底长菇；秋季宜9月初至10月上旬培育菌丝体，10月中旬至11月底长菇。

3. 选择优良品种

要因时、因地制宜，结合茶树菇生物学特性，同时兼顾市场需求，选择适销对路的优良栽培品种。我国地域广阔，气候多样，南方地区温暖、湿润，宜选用中温或中温偏高型菌株；北方地区低温、干燥，宜选用菌龄长的中低温型菌株；城郊、城镇靠近城市，交通运输方便，宜选用鲜销为主的菌株，以高、中、低温型配套，保证周年生产供应。远离城镇和交通不便的山区农村，宜选用干菇产出率高的品种。春季，出菇期间温度逐渐升高，应选用中温、中高温型菌株；秋季，出菇期间温度逐渐降低，应选用中温、中低温型菌株。选择优良品种时应找有相应资质的科研院所或公司，以保证菌种质量。

(二)材料和场地的准备

1. 材料准备

准备的材料包括配制培养基的原料、塑料袋和消毒品3大类。栽培茶树菇选择以木屑为主料的培养料配方:木屑38%,棉籽壳35%,麦麸15%,玉米粉6%,茶籽饼粉4%,石膏1%,红糖0.5%,磷酸二氢钾0.4%,硫酸镁0.1%。

2. 场地清洁卫生和消毒工作

要做好菇房内外的清洁卫生和消毒工作,以减少病虫害的滋生源。菇房、拌料场、菌种接种室、培养室、贮存室等场所,要尽量远离畜禽舍,并打扫干净、冲洗消毒。出料、晒料、进料前后,菇房和场地均要用多菌灵800倍液或0.5%敌敌畏消毒,以消灭潜伏的杂菌和害虫。菇房的墙壁要用石灰浆涂刷,地面要打扫干净,之后关闭门窗,用甲醛和敌敌畏熏蒸1次。

(三)配料拌料

1. 拌料时间

以晴天或阴天拌料较为理想。雨天不要拌料,因为湿度太大,人员操作不便。在夏季,配料应选择晴天上午或傍晚进行,中午气温高,培养料加水混合后易发酵,使培养基发酸。

2. 拌料作业

(1)拌料前准备

木屑要过筛,剔除小木片和其他块状硬物,以防刺破薄膜菌袋。拌料前,进行适当处理。将木屑堆积起来,通过雨淋或水淋进行发酵处理,冲洗掉木屑中的有害物质,促使纤维素、木质素等成分熟化或降解,使之容易被茶树菇菌丝分解吸收。棉籽壳,应提前2天在傍晚加水预混,使其吸足水分。

(2)机械拌料

拌料可采用人工搅拌或搅拌机搅拌。使用搅拌机拌料时,应按操作规程作业,先将干料搅拌 3 分钟,将各种原料干粉混匀再加水调节,继续搅拌 10～15 分钟,直到料水混合均匀一致,含水量达 60%左右,即可卸料。加料时,要严防石块和金属等杂物混入料中,以免损坏机件。

(3)人工拌料

将木屑、棉籽壳等主料混合倒入事先清理好的拌料场上,堆成山形;再把麸皮、玉米粉、茶籽饼粉等辅料从木屑堆的尖部倒下,使辅料均匀地往下散开,并把石膏粉等均匀地撒在四周,搅拌均匀;然后把可溶性添加物,如红糖、蔗糖、磷酸二氢钾等溶于水中,再加入干料中进行混合。混合后的拌料方法:先把堆成山形的干料堆从尖端向四周摊开,使其形成凹形,再把清水倒入其中,用锄头或铁铲使凹形逐步向四周扩大,水分逐渐被干物质吸收,经过反复搅拌 3～4 次,使水分吸收均匀;然后把拌匀的料打散结团,使料更加均匀,并边洒水边整堆。拌料要求做到"三均匀",即主料与辅料混合均匀、干湿搅拌均匀、酸碱度均匀。

(4)酸碱度测定

料拌好后,要检查料中的酸碱度,pH 在 5.5～7.0 为好。若培养基偏酸,可加入石灰粉进行调节。

(5)拌料注意事项

① 准确掌握含水量:在当前茶树菇栽培生产中,一些栽培户认为,培养基含水分多,产量高,故在拌料时含水量高达 80%,一个 15 厘米×30 厘米规格的袋子,湿料重达 0.8～0.9 千克。其实这种做法是不对的。袋内水分过多,含氧量相对减少,氧气不足,菌丝难以生长,杂菌便会乘虚而入;而且培养基容易酸败,菌丝萌发后不吃料,生长纤弱,不健壮,新陈代谢能力也弱,分解吸收营养能力差,严重影响产量和质量。茶树菇培养料的含水率以 55%～65%为宜,料水比为 1∶1.2 左右。拌料时,可通过安装自来水表准确

掌握用水量，也可用水分测定仪检测。生产中常凭感观来测定，即用手握紧培养料，指缝间有水渗出但无水下滴，伸开手指料能成团，落地即散，其含水量一般为55%左右。经过检测，如果水分不足，则应补水调节；若水分过多，可按配方比例添加干料，或把料摊开，让水分适度蒸发即可。

② 力求均匀：拌料不均匀，培养料养分不均衡，接种后菌丝生长不整齐。比如，对配方中常用的过磷酸钙，未溶化就倒入料中，拌制后又没过筛，使过磷酸钙整块集聚，装袋后集中在部分袋内，致使茶树菇菌丝难以生长。拌料不均还会导致氮源分布不匀，而只长菌丝不出菇。因此，配料时要求做到“三均匀”。

③ 工作速度要快：代料栽培茶树菇多在春、秋季，此时气温为20～25℃。因为培养料营养丰富，再加上气温高，极易发酵变酸。当干物质加水后，从搅拌至开始装袋，其时间以不超过2小时为宜，避免基质酸变。根据拌料机功率和人员多少，一般每次拌料在2500～3000千克，即2000～3000袋。如采用人工拌料，这就要配备3～4人，抓紧进行，要求在2小时内拌装料结束。如果拌制时间过长，培养料发生酸变，而使接种后菌袋成品率不高。

④ 杜绝杂菌污染：在配制培养料时，为避免杂菌侵入，必须首先从原料选择入手。要求原料足够干、无霉变，在配制前置于烈日下暴晒1～2天，利用阳光中的紫外线杀死存放过程中感染的部分霉菌。拌料应选择晴天上午气温低时进行，并在上午10时前结束，转入装料灭菌，避免基质发酸，杂菌滋生。在气温较高的季节配料时，可用50%多菌灵，按0.1%比例拌入料中。这样做有利于杀灭杂菌，尤其对红色链孢霉能起到抑杀作用。多菌灵使用时须严格按照规定比例配用，切不可随意增加用量。否则，易伤害菌丝，而且还会沉积于基料中，使茶树菇的品质受到影响。

（四）装袋与套袋

培养料配制完成后，应立即转入装袋工序。装袋时，采取装袋机装料和人工装料方式均可。

1. 机械装料

装袋机每台每小时可装800袋,熟练工人可装800袋以上。每台机配备7人为1组,其中添料1人,套袋装料1人,传袋1人,捆扎袋口4人,男女均可。操作过程如下。

(1)装料

先将薄膜袋未封口的一端张开,套进装袋机出料口的套筒上,双手托住。当料从套筒输入袋内时,右手撑住袋头往内紧压,形成内外互相挤压,料入袋内更紧实;左手托住料袋,顺其自然地后退。当填料接近袋口6厘米处时,即可取出料袋竖立,传给下一道捆扎袋口工序。

(2)扎口

采用棉纱线或塑料编织绳捆扎袋口。操作时,先按装量多少增减袋内培养料,使之足量。继而左手抓料袋,右手提袋口薄膜,左右对转,或在袋口四周拳击数下,使培养料紧贴,不留空隙,然后清理袋口6厘米内的空间,擦掉沾上的木屑,用纱线捆扎袋口3～4圈后,再反折过来扎3圈,袋头即密封。

使用装袋机时,应根据装袋需要,更换相应的搅龙和搅龙套。生产过程中若出现料斗内物料架空,应及时拨动料斗,但不得用手直接伸入料斗内拨动,以免轧伤手指。

2. 人工装料

用手或小铲将培养料装入袋内,边装料边抖实。同时,用木棒或酒瓶压紧,使料紧实无空隙,特别是料与膜之间不能留空隙,以防接种时进入杂菌,发生污染。

为保险起见,机械装料和人工装料均可用双层袋,里袋规格为15厘米×30厘米,外袋规格为17厘米×33厘米。每袋装好的料为0.6～0.8千克。然后用左手抓紧袋口,袋与料紧贴,不留空隙。折好袋口,用绳扎实,使袋口完全密封,防止蒸料时水蒸气进入袋内,形成水袋。扎口前,应用清洁的抹布把袋口部沾着的培养料擦净，防止杂菌污染。袋装好后，要轻拿轻放，不可直接放在地面上，下边应铺上麻袋、编织袋等物，防止刺破料袋，导致杂菌感染。

3. 装料基本要求

(1)松紧适中

袋内培养料的松紧直接影响氧气与二氧化碳的含量，对以后菌丝的生长速度与原基形成也有影响。装料不足，装料过松，袋内氧气过多，气生菌丝生长旺盛，在发菌期搬袋翻堆过程中极易造成断裂，影响正常生长，并且长菇少，菇盖薄，影响产量和品质。袋与料不紧贴，接种时会引起穴口薄膜上下震动，造成接种穴附近薄膜内外的气压差，杂菌会随气流震动进入穴内，引起污染。装料太实，则易破袋，而且透气性差，发菌生长缓慢。标准的松紧度应是以成年人手抓料袋，五指用中等力捏住，袋面呈微凹指印，有手抓木棒感觉为妥。如果手抓料袋两头略垂，料体出现断裂，则表明太松。

(2)不超时限

培养料装入袋内后，由于不透气，料温上升极快。为了防止培养基发酵，装袋要抢时间，从开始到结束，时间不超过3小时。无论是机装或是手工装，均应安排好人手。

(3)扎牢袋口

机械装料进袋紧实，离机后培养料容易松动，因此要抓紧袋口，并捆扎牢固，不漏气，以防止灭菌时基料受热后膨胀，气压冲散扎头，造成袋口不密封，杂菌进入。

(4)轻取轻放

装料和搬运过程均要轻取轻放，不可硬拉乱摔，以免料袋破裂。装料场地和搬运车具上，须铺放麻袋或薄膜，防止料袋被刺破，造成杂菌侵入。

(5)装袋灭菌要当日清

培养料的配装量要与灭菌设备的吞吐量相一致，做到当日配料、当日装完、当日灭菌。

(6)装袋灭菌要等量

灭菌灶通常一次装1500～3000袋培养料，料袋进灶和灭菌的时间长达20多小时。如果配料量超过灭菌灶的容量，剩余的料袋需待20多小时后才进行灭菌，必然引起酸败变质，所以应事先计算好准确的装配量。

4. 套袋

茶树菇培养料经过装袋后即成为营养袋，简称料袋。装好的料袋要用抹布擦净周围及底部沾着的培养料，然后套上规格为17厘米×33厘米的塑料袋，扎带封口；也可以内外袋同时扎带封口，减少作业工序，提高工作效率。双袋装料灭菌，可以减少杂菌污染率。

(五)高压或常压高温灭菌

高温灭菌是采用物理方法，杀死或除去有害微生物，包括细菌芽孢和霉菌厚垣孢子等，是彻底的灭菌。高温灭菌有两种功能：一是杀灭培养料中的全部杂菌；二是通过高温加热培养料，促使纤维素、木质素等熟化和降解，释放出更多的有效成分。高温灭菌是茶树菇生产中十分重要的环节，通常采用高压蒸汽灭菌。

1. 高压蒸汽灭菌

高压蒸汽灭菌可以杀死一切微生物，包括细菌芽孢、霉菌孢子和休眠体等耐高温的个体。灭菌蒸汽温度随着蒸汽压力的增加而增高。增加蒸汽的压力，灭菌的时间可以大大缩短。因此，它是一种最有效的、使用最广泛的灭菌方法。

高压蒸汽灭菌所采用的蒸汽压力与灭菌时间，应根据具体灭菌物质而定。液体培养基灭菌时，一般采用98千帕的压力，121.3℃的温度，灭菌30分钟；对母种、栽培种等固体培养基灭菌时，通常采用147千帕的压力，128℃的温度，灭菌1～2.5小时。但有些固体培养基导热性差，耐热性微生物又较多，灭菌时间或灭菌压力要有所增加，通常压力为196千帕，灭菌时间为4小时。

采用高压蒸汽灭菌时，应特别注意的是：灭菌锅内蒸汽是否流动畅通，关系到灭菌温度是否均一。灭菌材料若放得过多过密，会妨碍蒸汽的流通，造成局部温度较低，甚至形成温度“死角”，达不到彻底灭菌，常常导致杂菌污染。因此，培养料袋排列必须疏松适中，使高压蒸汽流动畅通，灭菌温度均一。

2. 常压灭菌

茶树菇培养基的灭菌多采用常压高温的物理灭菌方法，来达到杀灭有害微生物的目的。灭菌工作的好坏，直接关系到培养基的质量好坏和杂菌污染率高低。一些栽培者在灭菌上麻痹大意，马虎从事，致使培养料酸变或灭菌不彻底，接种后杂菌污染严重，菌袋成批报废，损失严重。为此，灭菌操作应做好以下事项。

(1)及时进灶

培养料未灭菌前含有大量微生物群，在干燥条件下，这些微生物处于休眠或半休眠状态。特别是老菇区，空间杂菌孢子甚多，当培养料加水后，酵母菌、细菌活性增强，加之气温较高，培养料营养丰富，装入袋内容易发热。如不及时灭菌，酵母菌、细菌加速繁殖，会将基质分解，导致酸败。因此，装料后要立即将其转入灭菌灶。

(2)合理叠袋

培养料进灶后的叠袋方式，应采取一行接一行、自下而上地重叠排放，使上下袋形成直线；前后叠的中间要留适量空间，使气流自下而上地流通。灶内蒸汽能均匀运行。有些栽培者叠袋时采用“品”字形重叠，由于上袋压在下袋的缝隙，气流受阻，蒸汽不能上下运行，会造成局部灭菌死角，使灭菌不彻底，因此灶内叠袋必须防止堵压缝隙。

如果是采用大型罩膜灭菌灶，一次容量为3000袋。叠袋时，四面转角处横直交叉重叠，中间与内腹直线重叠，内面要留一定的空间，让气流正常运行。叠好袋后，罩紧薄膜，外加麻袋，然后用绳索缚扎于灶台的钢钩上，四周捆牢，上面压木板加石头，以防蒸汽把罩膜冲飞。

(3)控制温度

料袋进蒸柜后，立即上下旺火猛攻，使温度在5小时内迅速上升到100℃，这叫“上马温”(从点火到100℃)。如果在5小时内温度不能达到100℃，就会使一些高温杂菌繁衍，使培养料养分受到破坏，影响质量。达到100℃后，要保持12～16小时，中途不要停火，不要掺冷水，不要降温，使之持续灭菌，防止“大头、小尾、中间松”的现象。

大型罩膜灭菌灶，膜内上温较快，从点火至100℃用时不到2小时。但因其容量大，所以上升到100℃后应保持20～22小时，也就是一昼夜左右，才能达到彻底灭菌目的。

(4)认真观察

在灭菌过程中，工作人员要坚守岗位，随时观察温度和水位，检查是否漏气。砖砌水泥专用灭菌灶的蒸柜正面上方，设有温度观察口，应随时用棒形温度计插入口内，观察温度。如果温度不足，则应加大火力，确保持续不降温。锅台边安装有一个水位观察口，锅内有水，热水从口中流出；若从口中喷出蒸汽，表明锅内水已干，应及时补充热水，防止烧焦。

砖砌灭菌灶，由于蒸仓膛壁吸热，所以上温较慢，一般从点火至100℃需5小时。灭菌时应先排除蒸仓内的冷气，让其从仓顶排气口排出，1～2小时后再把排气口堵塞，并用湿麻袋或泥土、石头压住；同时，检查仓壁四周是否漏气，如有漏气应及时用湿棉塞塞住缝隙，杜绝漏气。尤其是采用木框蒸笼灭菌灶的，蒸汽往往从层间缝隙喷出，应及时堵塞，以免影响灭菌效果。

(5)卸袋搬运

培养料达到灭菌要求后，即转入卸袋工序。卸袋前，先把蒸仓门板螺丝旋松，把门扇稍向外拉，形成缝隙，让蒸汽徐徐逸出。如果一下打开门板，仓内热气喷出，外界冷气冲入，一些装料太松或薄膜质量差的料袋突然受冷气冲击，往往膨胀成气球状，重者破裂，轻者冷却后褶皱密布，故需待仓内温度降至60℃以下时方可趁热卸袋。卸袋时，应戴上棉手套，以防被蒸汽烫伤。如发现袋头扎口松散或袋面出现裂痕，应随手用纱线扎牢袋头或用胶布贴封裂口。卸下的袋子要用板车或拖拉机运进冷却室。车上要下铺麻袋，上盖薄膜，以防止料袋被刺破和被雨水淋浇。

（六）冷却与接种

1. 冷却

灭菌后的培养袋，待温度缓缓下降至60℃时，趁热卸袋出锅，起到巴氏灭菌作用，以杀死搬运过程中外界落在袋面的杂菌，保证袋面清洁，及时搬料袋进冷却室内，让其散热冷却。搬运过程中，应小心轻放，避免料袋变形或被刺破。待袋内温度下降至28℃左右时，方可转入接种工序。冷却时间，通常在料袋进房后需24小时，直到手摸料袋无热感。检测方法：用棒形温度计插入培养料中观察，如料温超过28℃，应继续冷却，直至达标。

2. 接种

将灭菌后的料袋搬入接种室或接种箱内进行接种，有条件的，可采用净化工作台接种。接种工作要严格按照规范化的接种操作方法进行，丝毫不可大意。

（1）接种室（接种箱）消毒

消毒和灭菌是两个不同的概念。消毒是用物理或化学的方法杀灭部分微生物，使之不再危害食用菌的生长发育。灭菌是用物理或化学的方法，将所有微生物全部杀死。对培养基质和容器，必须进行彻底灭菌，而培养、接种的环境及器皿则只需消毒，但一般接种工具消毒要尽可能严格。接种针和镊子等前端采用接种箱接种，既经济又较安全。也可选用普通房间作接种室，但为达到无菌条件，则必须进行清洗和干燥，并严格消毒。

（2）菌种、料袋和工具的预处理

茶树菇菌种的预处理，应事先拔掉培养瓶棉塞，再用塑料薄膜包裹瓶口,然后搬入接种室(箱)内处理。由于菌种培育时间长达40～50天,其培养瓶棉塞常因培养料内水分蒸发浸湿或棉塞过松,使杂菌侵入,棉塞下面常会滋生毛霉等杂菌。如果在接种室(箱)内处理菌种时拔出棉塞,必然把杂菌带进室(箱)内造成污染。因此,应在室(箱)外拔塞,并更换薄膜包口,然后再移入接种室(箱)。这一点往往被不少生产者忽视。

经过上述处理后,再用接种钩伸入菌种瓶内,把表层老化的菌膜挖出。如发现有白色纽结团的原基也要挑出,并用棉球蘸75%乙醇,擦净菌瓶内壁的木屑等。然后,包好瓶口,再搬进接种室(箱)内,连同料袋及工具一起进行第二次消毒,即料袋进房(箱)后的再消毒。

(3)无菌接种操作

接种箱(室)经过用气雾剂或甲醛消毒后,可视为基本无杂菌。接种人员操作前,要用75%乙醇棉球擦洗双手。

① 在点燃的酒精灯灭菌区打开菌种袋口,并在酒精灯灭菌区内放置菌种。

② 接种工具用酒精灯火焰灼烧,用大号镊子夹一小块菌种,迅速地通过酒精灯火焰区后放入菌袋内。动作要快速,以减少操作过程中受杂菌污染的机会,然后重新扎好袋口。

③ 将接种的菌袋叠好,接种室中的全部料袋必须一次性完成接种。若因特殊情况,未接完种的料袋再接种时应按程序对接种室重新消毒。完成接种的菌袋,应立即移入培养室发菌培养。一般每瓶菌种可接种25栽培袋左右。由于茶树菇生长的最高临界温度为35℃,而接种箱内采用酒精灯火焰灭菌温度一般要比室温高6～9℃。在高温季节,接种箱内的温度高达40～50℃,极易灼伤或烫死菌种,因此,接种要尽量安排在早晨或夜晚进行。早晨或夜晚气温较低、杂菌活动也较弱,可减少杂菌污染。

(七)室内排场养菌

茶树菇菌丝在菌袋中蔓延生长的过程,称为养菌。菌种移接于料袋中及时萌发、吃料，是确保栽培成功的关键。培养室中堆积大量的菌袋，大量发菌会释放出大量的二氧化碳及热量。过高的二氧化碳浓度和室温会极大地影响菌种萌发和生长。所以，必须加强发菌培养室的管理，着重防止高温和杂菌污染，创造适宜的湿度和温度，保持空气新鲜，使菌丝快速萌发生长。其中关键措施是掌握气温变化，控制通风换气的时间和次数。

1. 菌袋叠放排场

(1)培养室消毒

培养室周围无霉腐，清洁卫生，无白蚁，无螨虫，在使用前，房屋周围必须消毒灭菌。外围可喷洒乐果或敌敌畏杀虫，屋内用甲醛和高锰酸钾熏蒸，使培养室无杂菌滋生。

(2)菌袋排场

把已接好种的菌袋搬入栽培室排场，进行发菌培养。菌袋排场方式有两种：一是直立排场，将菌袋坐地，紧靠排列，要求横行对齐，7～8 月高温栽培时，可防止高温烧菌，但占地太大，利用率太低，极少采用；另一种排场方式是菌袋墙式堆叠。由于茶树菇具有向光性，原基的形成、分化及子实体生长都需要一定量的散射光。因此，菌袋堆叠时袋口方向和门窗方向要一致，袋口朝外。双排菌墙和单排菌墙都要堆叠成行。行与行之间留一条小道，作为管理采收的通道。要根据不同栽培季节的气温情况，采取相应的管理措施。春季出菇的，菌袋可摆放 10～12 层。秋季出菇的，因发菌正值盛夏炎热高温时期，菌袋内菌丝生长旺盛，故宜少摆几层，以 5～8 层为宜。

2. 灵活调节温度

(1)茶树菇菌丝生长温度

茶树菇菌丝生长的温度范围在 4～35℃，20～27℃菌丝生长旺盛，25～26℃生长速度达到峰值。高于或低于 25～26℃，菌丝生长速度均下降，并具一定等高关系：如 28℃时的生长速度等于 20℃时的生长速度，29℃时的生长速度等于 15℃时的生长速度，30℃时的生长速度等于 10℃时的生长速度。

菌丝生长,有健壮生长和快速生长的区别。健壮生长的温度要比快速生长的温度低。健壮生长的菌丝,其生长速度较慢,但粗壮,菌丝密,出菇率高;快速生长的菌丝纤细,密度偏稀。栽培袋的菌丝,要求健壮生长。健壮生长的温度一般在18～24℃,快速生长的温度为24～28℃。低温培养,有利于控制杂菌的污染。

(2)三种温度效应

茶树菇发菌管理期间,必须密切注意气温、菌温和堆际温三种温度之间的相互效应。气温是指室内外的自然温度。堆际温是指堆间、袋间的温度。菌温是指培养料内菌丝体生命活动所产生的温度。在高温季节,要避免极端高温危害,低温季节要利用三种温度效应,提高室温,促进发菌。发菌过程中,由于菌丝不断增殖,新陈代谢渐旺,菌温亦随之升高,叠放越高,堆距越近,数量越多,通风程度越差,其堆际温越高。同时,气温越高,堆际温也随着升高。一般堆际温比室温高2～3℃。当菌丝长满袋的1/3时,生长旺盛,此时解开袋口带,充足供氧,菌温要比堆温高2～3℃。当菌丝长满袋的一半时(35天左右),出现第一个升温高峰,菌温升高,堆际温升高又促进菌温升高,此时菌温要比室温高4～6℃。当菌丝长满袋后10～15天,出现第二次菌温峰值。因此,发菌管理中必须时刻关注并协调好三个温度的相互关系。在高温季节,疏散堆距,改变堆形,减少层次,加强通风换气,降低室温,预防烧菌,保证菌丝安全度过高温期。在低温季节,可利用菌温和堆际温,并使用薄膜覆盖保温发菌,促进菌丝生长。茶树菇发菌培养的温度应按照不同的生长阶段,区别掌握。

(3)不同发菌阶段的温度调控

① 发菌初期(1～15天):菌袋接种后,菌块经过2～3天就萌发,可明显见到1～2毫米长的菌毛。菌毛继续伸长并爬上培养料,称菌丝吃料。接着菌丝向四周辐射生长,菌袋封口,这段时间称萌发期,需15天左右。此阶段菌丝处于恢复和萌发阶段,其菌温一般比室温低1～2℃。此时室内温度宜

掌握在27℃左右，这样能使袋内料温处于菌丝生长的最佳温度。如果冬天或早春气温低，可用薄膜加盖菌袋，使堆温提高，来满足菌丝萌发的需求。

② 发菌中期(15～40天)：菌袋菌丝封口后，菌丝向四周生长，在此阶段，菌丝生长量逐渐增加，呼吸增强，以纵向生长为主，分枝少，菌丝呈线状。当菌丝生长超过菌袋一半时，解开袋口，充足供氧，菌丝生长旺盛，呼吸加强，代谢活跃，自身产生热量，料温和二氧化碳浓度出现第一次高峰。此时如管理跟不上，易出现烧菌、缺氧现象，料温比室温高4～5℃。如出现烧菌现象，就只能见到绒状菌丝、无绒毛菌丝和培养料暴露。如缺氧，菌丝长得纤细，不浓白，培养料显露，菌丝色淡。遇此情况，必须及时通风换气和降温。

③ 发菌后期(40～60天)：菌丝生长超过一半时，解袋松口增氧后，菌丝旺盛生长，浓密而白，菌丝量急剧增长，呼吸强度旺盛，分解基质空前活跃，菌丝体内营养积累增多。此阶段室温宜在23～24℃，应特别注意防止高温。如果室温达27℃，菌温就会超过30℃，堆温也就随之升高2～3℃，此时菌温可高达35℃，容易导致菌丝发黄变红，受到严重损伤，甚至发生"烧菌"，菌袋变软，培养料发臭。因此，必须注意疏袋散热，以控制堆温，降低菌温。

将菌袋在适温20～27℃培养50～60天，接近成熟，应适时开袋转色催蕾，开袋后氧气充足，升温非常快，往往堆温会上升5～8℃，出现第二次菌温峰值，且比第一次更加剧烈。此时，抓好供氧、降温和排除二氧化碳，对菇的生长发育有重要作用。否则菌丝变黄、退化，菌袋内培养料急剧失水，菌袋收缩，袋膜紧贴培养料(称为负压现象)，这是由袋外压力大于袋内压力所致的。这将影响日后菌丝的生长、菌皮的形成、转色以及原基的形成。

3. 加强通风换气

培养室培养10天后，茶树菇走菌3～5厘米，菌丝呼吸量加大，室内和菌袋内部会升高温度。这时要经常打开门窗，通风换气，避免二氧化碳沉积。高温天，利用早晚温度较低，降低室温至24℃以下。低温天，利用晴天中午开南窗，并注意保温。发菌 20～40 天，菌丝长到菌袋 1/3～1/2 时，菌丝旺盛生长，吃料迅速，室内二氧化碳浓度、温度急剧增加。此时，加大通风，将袋口扎线解开（不应过早松开较大口子，否则容易污染杂菌），以增加氧气进入及废气排出，促进茶树菇菌丝顺利蔓延。若气温偏高、室内菌袋堆积较多，则应采用电风扇排风降温。严格控制室温升高的另一项措施，是"疏袋散热"。疏散一部分菌袋是对付高温期的有效措施。

4. 注意防湿控光

菌袋培养阶段，菌丝在袋内生长所需的水分不需由外界供给，而是靠培养基内已有的水分提供。为此，要求场地干燥，空间相对湿度在 70%为好。如果场地潮湿，空气湿度高，会引起杂菌滋生，污染菌袋。因此，培养室宜干不宜湿，要防止雨水淋浇菌袋和场地积水，特别是在菌袋培育期间，不论何种情况都不可喷水。

菌袋培养宜暗忌光，在黑暗的防空洞和地下室均可进行。如果光线强，菌袋内壁形成雾状，并挂满水珠，表明培养基内水分蒸发，会使菌丝生长迟缓，后期菌袋脱水，而且菌袋受强光刺激，会导致原基早现，菌丝老化，影响产量。因此，菌袋培育期间，门窗应挂窗纱或草苫遮光，但要注意通风，不能因避光把培养室遮盖得密不透风，造成空气不流动。

空气相对湿度是否适宜菌丝生长，可通过培养室安装的干湿球温度计来观察，以便适时进行调节。培养室空气相对湿度为 70%时，适宜茶树菇菌丝生长。如果空气相对湿度过大，可在晴朗干燥的中午开窗换气，降低空气湿度；或在培养室放置一定量的生石灰，以吸掉空气中的部分水气。其方法是把少量生石灰撒在菌袋口部，阻止杂菌侵入培养料，降低空气相对湿度。大型生产菇场，可以开启除湿机，使空气湿度相对恒定。

5. 及时翻堆检查

(1)作用及操作

翻堆有两个作用。①处理杂菌。在培养初的 4～7 天，对菌袋进行一次粗检，主要检查菌种是否萌发成活。10～15 天进行第一次翻堆，主要观察菌丝长势及污染情况，发现有点滴绿霉菌污染，可用 75%乙醇或 1%多菌灵溶液注射于污染部位，能够控制污染源的蔓延。对未萌发成活及菌丝生长不良的，应及时回锅处理。对污染严重，如红色链孢霉污染、应及时清除，以防传染给其他菌袋。以后每隔 10～15 天翻堆 1 次，观察菌丝生长状况，看是否需要开袋或刺孔透气及做其他处理（因直接扎口的菌袋后期易缺氧而抑制菌丝生长）。观察菌丝生长是否将从营养生长阶段进入生殖生长阶段。②调节菌袋位置，使之生长均衡。压在下面的菌袋，由于受到二氧化碳浓度较大的影响，生长较缓慢，应及时将其翻到上面，上面的菌袋调到下面，避免二氧化碳对下面菌丝长期刺激，有利于恢复下面菌丝的生长。如此反复翻堆，可平衡上面和下面菌袋中菌丝的生长。整个菌期需翻堆 3～4 次。温度适宜，一般 50～60 天菌丝可长透。

(2)杂菌污染处理

① 轻度污染。菌袋只是扎头或褶皱处出现星点或丝状的杂菌小菌落，没有蔓延的，可用注射针管吸入 36%甲醛溶液或氨水，或 75%乙醇 50 毫升加 36%甲醛 30 毫升的混合液，注射受害处，并用手指轻轻按摩表面，使药液渗透到杂菌体内，然后用胶布贴封注射口。

② 穴口污染。对于杂菌侵入接种口，而茶树菇菌丝还处在生长状态，不受多大影响的菌袋，可用 5%～10%石灰水上清液，或 50%多菌灵溶液等点涂患处，但要防止误涂茶树菇菌丝。两种药不宜同时使用，因前者是碱性，后者为酸性，同时使用会引起中和反应，失去药效。如发现有死菌的，应在无菌条件下重新接种。

③ 严重污染。对于基料遍布花斑点或接种口杂菌占多数、无可救药的菌袋，应采取破袋取料，拌 3%石灰溶液闷堆一夜，摊开晒干，重新配料，装袋灭菌，再接种培养。如发现链孢霉污染，应及时用塑料薄膜袋套住，然后连袋烧毁。避免孢子传播，造成环境污染。

6. 定期灭菌杀虫

茶树菇发菌培养期间，栽培场所要经常保持清洁卫生，认真清除四周垃圾、杂草及被污染的废物，减少污染源。培养室在使用前要打扫干净，并用甲醛或硫黄密闭熏蒸 24 小时。不能密闭的培养室或栽培场所，可定期用 2%甲醛、0.1%甲基硫菌灵、5%石炭酸、5%～20%石灰水等杀菌剂，喷洒地面及空间，喷洒雾滴宜细，分布均匀，喷后要加强通风。也可以在地面直接撒施石灰粉，或石灰粉与漂白粉混合的粉剂。使用的药剂要几种轮流调换，防止长期使用一种药剂，以避免病菌产生耐药性，提高防治效果。尤其扎线解开前一天，对培养室要进行消毒灭菌。可按每立方米空间用 17 毫升甲醛与高锰酸钾熏蒸，并用 5 毫升敌敌畏或除虫菊酯杀虫，灭菌与杀虫以相隔 2 天进行为好，以减少杂菌和害虫发生。

由于茶树菇菌株来源、菌袋大小、接种方法、管理水平、环境条件等的不同，发菌期的长短也不同。从接种到生理成熟少则 50～60 天，一般为 60～70 天，长则 70～90 天。凡是有效积温高的季节（日平均气温在 20～26℃），菌袋培养时间就短，50～60 天可出菇；有效积温中间季节（日平均气温 27℃或 15℃），菌袋培养经 60～70 天出菇；有效积温偏低的季节（日平均气温低于 7.5℃或高于 28.5℃），菌袋培养需 70～100 天才能出菇。

茶树菇菌丝经过 60～80 天发菌，菌袋表面全部转色，培养料的颜色进一步变淡，菌丝体累积了大量糖原、蔗糖和蛋白质，培养料含水量达 70%以上，以用手捏菌袋感到柔软、有弹性为宜。这是菌丝生理成熟的重要表现。达到这个要求，就能为出菇打下良好的基础。

（八）开袋催蕾

茶树菇菌袋培养 50～60 天，菌丝长满菌袋，菌袋富有弹性，菌丝分泌色素“吐黄水”，袋口表面菌丝带点褐色。菌丝体形成褐变的过程，俗称菌丝体的转色。转色是营养生长向生殖生长过渡的标志，表明菌袋发菌培养已由营养生长转入生殖生长阶段，可开袋转色排场。一场制的可直接开袋转色催蕾，两场制的还需野外排场催蕾或覆土出菇。

茶树菇菇棚催蕾出菇，可以充分提高室内菇房的利用率，充分利用闲置土地和设施，增加茶树菇复种指数，扩大栽培面积，增加产量，节约成本，提高经济效益，并且室外（野外）菇棚的自然条件更符合茶树菇的生长习性，充分利用自然温度、湿度、光照、氧气等生态条件。采用两场制或多场制栽培茶树菇，可以充分利用室外已有的塑料菇棚、蔬菜塑料大棚、简易塑料大棚、野外荫棚、大田黑色遮阳网棚，以及空闲地或建造的大田阳畦，还可以利用庭院地沟畦棚和蔓生蔬菜棚架，进行催蕾出菇。

搭建室外（野外）菇棚，投资少，成本低，经济实用。还可通过揭盖大棚上的薄膜和草帘，调控生态条件，以充分利用太阳光能，节省能源，保温保湿，加大昼夜温差，增加光照和氧气，更加有利于茶树菇的生长发育。

室外（野外）菇棚排场，地要整成宽 1 米、高 15 厘米的畦床，并铺上砂土，然后再铺 2 层塑料薄膜防潮。翻堆与排场同时进行，将部分污染的菌袋单独排放。将成熟度相同的排放在一起，有利于转色催蕾出菇管理。菌袋排场方向应与室外菇棚和野外菇棚的门窗方向一致。开袋催蕾的操作方法如下。

1. 适时开袋

这是在茶树菇由菌丝营养生长转向出菇生殖生长的阶段。是否适时应以菌丝体达到生理成熟阶段为标准，一般从营养、菌龄（有效积温）、色泽及当地、当时的气候是否适宜菌袋转色催蕾等方面来综合评估。

(1)营养积累

营养物质的积累与酶解有关。茶树菇菌丝体依靠自身合成各种氧化酶。菌丝生长初期，酶的活性较低。菌丝体生长到 30～50 天时，是胞内酶合成的高峰期，也是分泌到胞外的酶量达到最大的时期，所以只有当酶的活性达到有利于加速对木质素的分解时，才有可能在菌丝内积累足够的营养物质，促进菌丝达到生理成熟，从而进入生殖生长阶段。生产上的标志是菌袋现重比原重减少 25％～30％，表明菌丝已发足，培养料已适当降解，积累了足够的营养，正向生殖生长转化。

(2)菌龄

从接种之日算起，至培养室正常发菌培养的时间称菌龄。茶树菇菌丝达到生理成熟，一般要 60 天。然而，由于培养期间的温度会影响菌龄的长短，因而在生产上常常把茶树菇的有效积温作为生理成熟的重要指标。4℃和 31℃，为茶树菇菌丝停止生长的下限和上限，因此把 4～31℃作为茶树菇的有效积温区。茶树菇的有效积温 1600～1800℃。代料栽培由于培养料颗粒细小，培养基质地疏松，对有效积温要求较低，一般在 1000～1200℃。若以 4℃的积温为 0，则有效积温＝(每日平均温度－4℃)×培养天数。有效积温区见表 3-1。

表 3-1 茶树菇有效积温区 单位：℃

平均温度	日平均有效积温	平均温度	日平均有效积温
2	0	27	17
3.5	0	28	16
8	4	31	0
20	16	33	0
25	21		

(3)菌袋色泽

这是反映菌丝是否达到生理成熟的一种标志。如果菌袋内长满白色菌丝，长势旺盛，浓白，气生菌丝呈棉绒状，菌袋口出现棕褐色的色斑，菌丝吐黄水，引起转色，表明菌丝达到生理成熟，加上当时当地的气温为 12～27℃，这是开袋的适宜时期，应及时开袋。如果开袋过早，菌丝没有达到生理成熟，袋口表面不转色，不形成菌皮，那么菌袋就会因为没有菌皮保护而过早脱水和失重，浪费养分，严重影响茶树菇的产量和质量。如果开袋过晚，袋内因菌丝生理成熟而分泌黄水，渗透到培养基质内部，引起绿霉侵染；同时，还会使菌膜增厚，影响原基发育，造成出菇困难；菇蕾在袋内形成，缺乏氧气，受到阻抑，导致形成畸形菇，使第一批菇的产量和质量受到直接影响。室内开袋与室外（野外）排场同时进行。将被杂菌污染的或被部分污染的菌袋挖出并隔离。开口前，要进行菌袋消毒和场地灭虫处理。用3%～4%石炭酸溶液或0.5%敌敌畏、溴氰菊酯（敌杀死）3000倍液、乐果2000倍液，对室内空间及菌袋壁喷雾灭虫，用量可按每立方米空间2毫升计算。菌袋开口后的管理重点是防虫、杀虫，喷药后通风，可防止开口后感染病虫害。两场制栽培，须注意防止搬运过程中的杂菌污染。开袋时，用锋利小刀沿扎口绳将袋口部割掉。开袋有三忌。一忌刮风和下雨。雨天空气湿度大，不利于菌袋口黄水挥发，容易造成杂菌污染。刮大风，菌袋口容易被吹干，造成袋口菌丝失水，难以形成菌膜。二忌高温。气温超过24℃，不利于菌丝向生殖生长过渡，割口气温高，会造成后期烧堆。三忌乱抛污染菌袋。大量的菌袋，总会有少量污染，必须予以清除。部分污染的，可切除或挖去，剩余部分可继续转色出菇。污染的部分应集中装入箩筐，远埋他处或集中焚烧。

2. 转色催蕾

茶树菇菌袋割口后，光线增强，氧气充足，基本成熟的菌丝就会分泌色素，吐黄水，使菌袋表面菌丝渐渐发生褐化转色。随着菌丝体褐化过程的延长和颜色的加深，袋口周围表面的菌丝会形成一层棕褐色菌皮。它对保护菌袋内菌丝的生长，使原基形成不受光照的抑制，防止菌袋水分的蒸发，提高对不良环境的抵御能力，加强菌袋的抗震动能力，保护菌袋不受杂菌污染和促进原基的形成，都起着非常重要的作用。

没有菌皮，菌袋就会失去调温保湿的作用，就不会有子实体的形成。茶树菇菌袋中菌丝体的转色层为棕褐色和锈褐色，且具光泽。这种菌袋出菇正常，子实体产量高、质量优良。菌袋表皮菌丝褐化，是茶树菇菌丝生长发育的一个生理过程，棕褐色或锈褐色的菌膜（似树皮）保护着菌袋里面的菌丝生长发育，促进菌蕾形成，生长成子实体。所以，转色催蕾管理，是茶树菇优质高产的重要环节。

转色催蕾是茶树菇的一个复杂生理过程。影响菌袋转色现蕾的因素很多。菌种品系，培养料的碳氮比，菌丝生长状况，菌龄长短，温度、湿度和空气等，都能影响其转色催蕾。生产实践中，控温变温、通风换气、刺激等操作技术，对促进茶树菇的催蕾卓有成效。

(1)控温变温

开袋后3～5天，保持室内温度为23～24℃，空气相对湿度为80%～85%。如果温度超过27℃，可用电扇和排风扇排气降温，或疏袋散热，强行降温6～10天，将室内温度控制在18～24℃。每天打开门窗，换气通风30分钟。茶树菇属不严格的变温结实性菇类，没有昼夜温差的刺激也能正常出菇。但昼夜温差的刺激有利于茶树菇转化为生殖生长，促进菌蕾的形成。茶树菇从菌丝到形成菇蕾的分化阶段，短暂的低温、突然的变温刺激会迫使菌丝体相互交织，扭结成茶树菇的繁殖器官——子实体原基，促使菌丝体内部积累有效物质，形成菇蕾。因此，加大温差、改变湿度是茶树菇栽培中的有效催蕾措施。结合菌袋转色，连续3～7天加大温差，白天关严门窗，晚上10时后打开窗户，使日夜温差加大到8～10℃，直到菌袋表面出现许多白色的粒状物，说明已经诱发原基，并将分化成菇蕾。

(2)通风换气

茶树菇转色催蕾阶段，呼吸作用旺盛，排出的二氧化碳增加，必须加强通风换气，同时注意保持菇房(棚)内较高的空气湿度，使水、气、温都能满足茶树菇生长的需要。气温高时，早晚通风，并在窗上挂遮阳网或革帘。气温低时，白天开南窗，晚上关窗，减少菇房的通风量，做好保温工作，提高菇房温度。如遇阴雨天气，南北窗应全部打开，增加菇房(棚)内氧气浓度和提高空气湿度。

(3)刺激

在褐化菌皮形成的同时，茶树菇子实体原基也随之开始形成。要抓住降温的机遇，做好温差刺激处理。温差越大，形成的原基就越多。除了变温刺激外，还必须注意创造阶段性的干湿差和间隙光照条件，并采用搔菌及击拍等方法进行刺激。干湿交替，是指喷水后结合通风，使菌袋时干时湿。

菌袋转色结皮未形成前不宜通风时间过长，以免菌袋失水。菌袋开袋过早，应注意保水保湿。光照越充足、通风越好，则转色过程越短、转色越好。光照刺激可在必要时，拨开棚顶的遮阳物，或打开门窗，使光线照射菇床。3～5 天后，菌袋面上出现白砂糖样的颗粒，并伴随细水珠出现，再过 2～4 天，菌袋面上会出现密集的鱼子般的菇蕾原基。原基的形成是生殖生长的开始。随着原基生长，分化出菌盖和菌柄，标志着菇蕾的形成。

3. 催蕾过程中的异常现象及纠正措施

在茶树菇的栽培中，根据气候和品种特征，正确地采取控温、变温、增光、刺激等管理措施，能够促进菌袋正常转色、催蕾。但是，由于接种偏晚，或气候条件限制，或管理失误以及品种差异等原因，常造成转色催蕾不正常现象发生。主要有以下两种情况：①原基形成后不分化，形不成菇蕾，或因气温偏高，光照太强，环境过于干燥，使原基枯萎和消失；②培养料水分太多，昼夜温差适宜，使菇蕾密度过大，形成小蕾密蕾。其纠正措施如下。

(1)防止原基枯萎

原基形成后 3～5 天内，尚能保持继续生长分化的活力。在此时间内，若遇培养料水分含量低、环境湿度低，以及气温较高等情况，则原基会萎缩死亡。每形成一次原基，会消耗大量的营养。如果多次发生原基而又不长成菇蕾，就会造成减产。因此，原基形成前，如果气温偏高，昼夜温差也小，就不要急于人为加大温差。否则，即使形成原基，最终也会消失，无谓消耗大量营养，影响以后的产量。若遇此情况，要耐心等待时机，密切注意天气预报。当日平均温度降至 16℃左右时，立即采用各种刺激办法，进一步加大昼夜温差和干湿差，保持 3～5 天后，原基即可形成。在气温回升时，要充分利用夜间的低温，并在菇房内壁和地面上泼浇井水或其他凉水，控制温度在 20℃以下，保持空气新鲜。这样就可以顺利形成原基并生长分化为菇蕾。

适当增加光照,采取有效的防高温和保湿的措施。

(2)防止小蕾密蕾出现

小蕾密蕾的出现,其主要原因是菌袋未充分成熟,培养料含水量太多。过多的震动刺激,尤其是菌袋上面1/3部位的菌丝体受到震动刺激时,也可能过早形成子实体,造成小蕾密蕾。此外,过早的中低温范围的温差,会诱导茶树菇原基的形成与分化。防止小蕾密蕾,要从根本入手,极力避免上述现象的出现。

(九)出菇管理

1. 出菇管理的重点

根据茶树菇对生长发育条件的要求,其出菇管理的重点是控制温度、湿度、空气、光照和刺激,以满足茶树菇生长发育的需要。

(1)控制温度和湿度

茶树菇菌丝的生长,以25～27℃最适宜;在4～34℃的温度范围内,菌丝能够生长;14℃以下生长缓慢;32℃以上也生长缓慢,且容易被高温杂菌所侵蚀。子实体发育的温度范围为10～30℃,其中在18～20℃时,子实体发育最好。气温低于8℃时,子实体无法形成;10～16℃时,长速慢,菇肉厚,品质优,但产量低;25～28℃时,发育快,出菇快,菇肉薄,质量差;超过30℃,原基难以形成菇蕾,易死菇烂袋。菌丝恢复生长,要求空气相对湿度为70%,出菇阶段要求空气相对湿度为90%。出菇时,还会从基质中吸收大量的水分,因此长菇时期以喷水保湿为主。如菌袋失水过多,则应采取注射或浸水等方式给菌袋补水。

(2)调节空气

茶树菇属好气性真菌,菌丝恢复生长和子实体发育都需要吸进充足的氧气,并呼出二氧化碳。子实体生长发育时,呼吸作用加强,每袋菇每小时排出0.1～0.5克二氧化碳。当空气中的二氧化碳浓度过大时,会抑制原基的分化和子实体的生长，尤其是菌盖的分化生长。但在生产上，也可利用这一特性，像金针菇栽培那样，获得菌柄粗长的产品。

(3)调节光照

茶树菇属好光性菌类，有明显的向光性。光线能刺激原基形成。在原基分化阶段，要提供一定量的散射光，适宜光照强度为500～1000勒克斯，子实体生长最适合的光照强度是50～500勒克斯。光照不足时，生长慢，菇体薄，色泽深；但光照太强，长菇慢，菌盖干亮，产量低。

(4)进行刺激

刺激是茶树菇生理转化的重要因素。温差、干湿、光暗、覆土和震动等刺激，是菌丝生长转化为原基分化，形成菇蕾的重要条件，每批出菇分化原基都必须利用。一般开袋栽培的出菇处理，以冷水刺激和震动刺激来完成。冷水处理不是给菌袋补水，而是利用低水温刺激菌袋。覆土、搬运菌袋或击拍菌袋，对菌丝体进行机械刺激，有利于原基的形成。茶树菇开袋后，分秋冬、春夏两季出菇。因秋冬、春夏气候的不同，在管理措施上也就必须有所侧重，分别对待。秋(冬)季的气温由高逐步降低，在管理上，由以降温为主逐渐过渡到以保温为主。春夏季节气温由低逐步升高，在管理上，由保温为主逐渐过渡到以降温为主。

2. 秋冬季菇管理

这一时令的旬均气温，逐渐从28℃以上降至10℃左右(10月常出现小高温天气)，空气干燥，昼夜温差越来越大，至12月底进入低温期。前期气温偏高，菌袋内的菌丝代谢活动旺盛，杂菌活动也很猖狂，因而降温、保湿、补充新鲜空气及防治杂菌，是秋冬季菇前期管理的重点。中秋后气温渐凉，温差加大，应利用温差、保湿、增氧、增加光照，以促进出菇。后期气温较低，管理的主要工作是增温、保温和保湿。

菌袋转色催蕾7～8天后，第一潮菇开始形成。此时，应注意通风换气、降温和增氧，可采取喷雾调湿、覆盖薄膜保湿等措施来实现。当气温降到

23℃左右，每天早、中、晚应通风1次；当气温降到18～23℃时，每天早晚应各通风1次；当气温降到18℃以下时，可每天通风1次，每次通风约半小时，尽可能维持菇房内空气相对湿度在90％～95％，减少菌袋失水，保证菌袋含水量不低于65％，主要措施是喷雾保湿。每天喷雾的次数取决于菇房（棚）的湿度情况。空气相对湿度约60％时，每日喷雾2～3次；空气相对湿度为70％～80％时，每日喷雾2次；当菇房（棚）空气相对湿度大于85％时，则不宜喷雾。

第一潮茶树菇采收后，要立即清理菇场，剔除残留在菌袋上的菇脚，挖除老根和死蕾，防止菇脚霉烂和杂菌侵入。停止喷水、喷雾，增加通风换气次数，延长通风换气时间，降低菌袋表面菌丝湿度，使菌丝迅速恢复生长，并储蓄营养，养菌7～10天，以供第二潮茶树菇生长之用。当菌袋采菇后留下的凹陷处菌丝发白时，表明菌丝积累充足营养，已经复壮。此时，白天进行喷水，关紧门窗，提高温度；晚上通风干燥，加大温差和湿差，每天可喷水1～3次。在具体实施中，可以灵活掌握。雨天可不喷或少喷水，晴天可多喷水；菇蕾小时少喷水，菇大时多喷水；地湿时少喷水，地干时多喷水；采菇前1天不喷水。还要利用气温的周期变化，抓住机遇，通过3～5天干湿交替、冷热刺激，促使第二潮原基和菇蕾形成。

第二潮菇发生在10月末至11月。这时，南方气温为18℃左右，正符合子实体生长发育的需求。喷水是促进第二潮菇发生的主要措施，以满足出菇对水分的需要。此时空气仍然干燥，但因第一潮菇，而有所失重，需要从外界补充第二潮菇的水分。这是获得增产的重要保证。

第三潮秋冬季菇的形成，由气候变化、开袋时间及前两潮菇的管理情况而定。如开袋早、天气暖和，第三潮菇也能获优质高产。第三潮菇管理以保温、保湿为主，养菌复壮。

秋冬季菇一般采收2～3批。根据出菇情况及出菇后的菌袋重量，给菌袋注水或浸水，增加菌袋的含水量，使菌丝复壮。如果冬末保温好，还可采收1～2潮菇，或安排越冬，至次年春季继续出菇，每袋培养料可产鲜菇0.1～

0.2千克。

秋冬季菇管理的另一个重要内容，是防治杂菌感染。开袋或采菇后，菌丝处于恢复生长过程，抵抗杂菌的侵染能力差。危害茶树菇的主要杂菌是绿霉和曲霉菌。这些霉菌靠孢子传播蔓延，轻者在菌袋表面形成霉菌斑，影响出菇和使菇蕾幼期霉烂，重者导致菌袋报废。因此，要及时检查、及时发现，如发现部分霉菌，可以采取先杀后切的措施。即先用0.1%多菌灵，或5%新洁尔灭，或3%～5%石炭酸，或5%来苏儿溶液，涂抹病斑处，然后挖除或切除。如发生大面积霉害，可加大通风量，降低湿度，让菌丝健壮生长，提高自身抗霉力，控制霉害蔓延。

3. 春夏季菇的管理

这一时期，气温由低向高递升，气候温和，空气湿润，雨量充沛，万物复苏，适合茶树菇菌丝的生长和子实体的形成与发育。春夏季是茶树菇发生的盛期。其管理重点是降低湿度，防止杂菌污染。春天空气湿度增大，要加强通风换气，保持菇(棚)房内的清洁卫生，不要使走道泥泞不堪。要清除杂菌污染源。如后期气温升高，管理上应采取相应措施。割口转色催蕾，菌丝新陈代谢加强，放出大量热，使室温、堆温升高。气温升高，菌丝生长加快，室温、堆温升温就更加剧。一般菌温、堆温比室温高5～10℃，造成高温烧菌，菌丝变弱，产量大减。因此，割口催蕾必须关注中长期气象预报，选择连续阴凉、下雨天气前割口，采用地面或层架直立排场出菇，并加强通风换气。

室外出菇采用野外荫棚，加厚遮阳物，创造一个阴凉的环境。相同沟内灌水，保持棚内阴湿，每天午后向棚顶喷水，降低棚内温度。有条件的可以给菇棚安装喷灌系统，通过微喷头喷出的水形成细雾，在空气中飘移时间长，降温增湿的效果好。在35～38℃高温时，喷雾后棚内温度可降至28～31℃，地表温度降至25～29℃。喷雾后要适当通风，有利水分的汽化和散热，平均降温可达4～8℃，基本上能满足茶树菇生长对温湿度的要求。但喷水要有节制，既要保持一定的温度，又不致终日过分潮湿。

长菇后菌袋减轻时，应及时浸水。但补水不宜过量，否则造成高湿高温，会引起菌丝死亡，杂菌滋生，菌袋解体。喷水及采收等管理工作应在气温低的早晚进行，白天关紧门窗，到中午温度最高时再打开门窗，加速空气流通，使温度迅速降低下来，然后再关上。这样，在高温季节也可继续出菇。一般春夏季菇可收获 4～5 潮，间隔时间为 10～15 天。在菌袋尚好、场地也许可的条件下，可将其搬到阴凉地方越夏。如果气候适宜，还可再出 1～2 潮菇，每袋培养料可产鲜菇 0.15～0.25 千克。

总之，茶树菇的出菇管理要因时、因地制宜，协调好水、温、气、湿、光之间的关系，使出菇管理与环境相适应。不同的菌株，出菇时对温差与湿度的要求差异较大，出菇管理时，要了解出菇时的气候变化（包括温差、温度日较差、降水概率、空气湿度等），小心从事，以免事倍功半。

4. 子实体转潮期及不同菇潮的管理

在茶树菇栽培中，开袋后菌丝体仍由菌袋包被，而未直接裸露于环境之中，菌袋内的小环境相对稳定，菌丝受到菌袋的保护。各季节菇的相同潮次出菇管理有共同的特点。

(1)前潮菇的管理

茶树菇开袋栽培出菇，菌丝体尚由菌袋包被，菌袋可以蓄水，沉淀于菌袋内的水分仍能继续被菌丝吸收。因此，前潮菇（尤其是头潮菇）不必喷重水，以免感染杂菌，只需喷雾或地面浇水即可。

(2)转潮期的管理

茶树菇转潮期必须满足菌丝、原基和子实体对生长条件的不同需求。因此，在管理中依据当地、当季气候条件及变化，加强对光、温、气、湿的调节，灵活掌握。

采完每一潮菇后，停止喷雾喷水 7～10 天，但要保持空气相对湿度 70%左右，直到菌袋上菌根穴处发白时，再按照前述各季节菇的出菇管理方法进行管理。转潮期管理的重点是养菌，使菌丝恢复繁衍与积累养分，为下一潮菇的形成提供必需的物质基础，以促进下一潮菇的迅速生长。

(3)后潮(末潮)菇的管理

茶树菇出菇期一般为2～3个月，长的可达4～6个月，可采3～5潮菇。随着出菇潮次的增加，菌袋内的水分含量严重减少，有的菌袋甚至失重一半以上。菌袋内的营养大量消耗，菌丝活力渐弱，因此适时、适量给菌袋补充水分和养分，就成为茶树菇末潮菇管理的重点。

5. 子实体异常现象与纠正措施

(1)菇蕾枯萎

由于环境干燥、光线(太阳光)强，使形成的菇蕾逐渐枯萎，以至消失。

纠正措施：在原基形成过程中，注意保湿、增氧和控光(光照控制在50～300勒克斯)，避免空气干燥和二氧化碳浓度过大。

(2)早出菇

菌袋未成熟、未转色，而机械震动的刺激又过大，以致小菇和畸形菇增多，菇色也淡。

纠正措施：当菌袋生理成熟后，不要常搬动或过多震动，保持恒温，光照不要超过800勒克斯。

(3)畸形菇、小菇和密菇

① 畸形菇：气温下降有利于子实体形成，如没有及时开袋，大批菇蕾迅速生长，因袋膜限制而长成各种畸形菇。

纠正措施：增光增氧，促使原基分化成菇蕾，及时开袋，保湿、增氧，每天通风换气，结合喷水调湿，保持空气相对湿度在90%～95%。在幼蕾出现前，及时开袋，保证菇体生长不受限制。

② 小菇、密菇：菌丝生理成熟不足，昼夜温差大，水刺激过重，或栽培后期营养耗尽，不能满足子实体生长发育的需求，导致小菇、密菇。

纠正措施：菌丝生理成熟后，温差刺激时间不要太长，一般为3～5天。在栽培后期，给菌袋补充碳氮源，并延长转潮期间的养菌时间，使菌丝积累充足营养。浸水(或注水)处理要轻,因为此阶段菌袋吸水力强而蓄水性差。

(4)侧生菇

菌袋装料与薄膜之间留有空隙,开袋出菇时进入大量空气,加上光照刺激,产生侧生菇,浪费菌袋营养。

纠正措施:菌袋装料要紧实,有条件的要尽量采用装料机装袋。

(十)补水追肥

茶树菇采收2~3批后,菌袋内的营养大量消耗,菌丝活力渐弱,菌袋内的水分下降,有的菌袋甚至失重一半以上,子实体形成受到抑制,产量受到严重影响。为使菌丝尽快恢复营养生长,加速分解和积累养分,奠定继续长菇的基础,除延长养菌时间外,最有效的办法就是适时、适量给菌袋补充水分和营养。把二者结合起来,通过补水加大干湿差,通过补水进行冷水(井水)刺激,通过追肥促进菌丝复壮,促进长菇量增加。一般情况下,如果补水追肥技术掌握得好,两批后的总产量可相当于1~2批菇的产量。

1. 补水

菌袋内菌丝活力恢复后,催蕾前为最适补水时期。第一次补水使菌袋重量达0.6千克,第二次、第三次分别以0.55升和0.5升为最适补水量。补水的方法很多,较为普遍采用的是浸水法和注水法。

浸水法:将菌袋用8号铁丝在中央打2~3个洞,深为菌袋直径的1/2,然后将菌袋一层一层叠放至浸水沟或浸水池;再用木板压紧上层菌袋,木板上用石块压住,不让菌袋浮起;然后灌进清水或配制的营养液,直至淹没菌袋为止。浸水以达到每次相应的重量标准为止。然后捞起菌袋,沥干菌袋表层水分,排场催蕾。

注水法:在菇房设一个2米高的铁桶水塔,接上数根小塑料管,每根小管头上接一个周围钻有小孔的注水器,注水器垂直插入菌袋,水就会通过小孔均匀地压进菌袋中。当一个菌袋达到含水量标准,再将注水器插入另一个菌袋。注水结束后，打开门窗通风，沥干菌袋表面水分。

2. 补充养分

茶树菇第三潮菇后，培养料中的营养成分显著减少，菇形变小，菇脚变长，单生菇增多。此时，追肥、喷水同时进行。每潮菇可追2～4次肥，适当加入尿素、复合肥、过磷酸钙等营养物质，促进菌丝生长和子实体的发育。常用的追肥：用0.5毫克/千克的三十烷醇液、0.01%柠檬酸液浸注菌袋，有利于增产。实践证明，采用0.01%柠檬酸液、0.2%尿素及0.1%～0.5%酵酶液，浸注菌袋，能起催蕾增产的作用。用0.5%腐植酸钠溶液注入并浸菌袋，能增加菌丝内酶的活性，促进物质合成、运输和积累，刺激原基形成，提高茶树菇的产量。此外，用1%～3%葡萄糖加0.1%磷酸二氢钾、0.2%尿素复合液，2%～4%生豆浆水，叶面宝800～1000倍液，1%葡萄糖加0.1%酵母混合汁喷施，可取得明显增产效果。

(十一)菌袋的掉头翻面与脱袋覆土出菇

茶树菇采收2～3潮后，菌袋口菌丝出菇常易萎缩和退化，菌丝自溶，产生3～5厘米厚的发黑培养料隔离层，严重时在发黑的料层中有大量黑霉菌和黄霉菌，隔断料层菌丝，使之无法继续大量出菇，或只长单生菇、菌袋周边菇，严重影响后期出菇产量。此时，应当及时进行清理，用小刀把菌袋上霉菌部位削除，剔除发黑的菌袋口隔层料，然后补水、追肥、排场、通风、控温、保湿，促进菌丝继续长菇。更加有效的方法是，采收2～3潮菇后，将料面小菇、菇脚和老菌丝碎块清除，然后往袋内灌满水(或浸水、注水)，保水1～2天，使菌袋培养料吸透水分。为检查其吸水情况，可将菌袋用刀切断，看其吸水后颜色是否一致，未吸透的部分颜色相对偏白。倒出袋内余水(或捞起袋)，将原袋口合拢，或掉头翻面，剪开袋底，进行控温、变温、喷水、通风换气和刺激等催蕾出菇管理措施，适当延长养菌复壮时间，袋底口菌丝经15～20天有氧后熟培养，形成棕褐色的菌被。后熟阶段，要求将培养室的空气相对湿度保持在80%左右，袋底口保持细微积水和料面湿润，早晚加强通风换气。经催蕾，料面形成原基。增大培养室空气相对湿度至95%，喷水保湿，加强通风换气，并使散射光进入培养室，7～10天后子实体形成。此后，只需再补水培养，还可采收2～3潮数量可观的菇。

茶树菇菌袋栽培，菌袋底菌丝在菌袋内转色现蕾时刚长满菌袋，出了2～3潮菇后，菌袋底菌丝正处于出菇最佳时期。此时，如能保障营养和水分的充足供给，菌袋底菌丝也能像菌袋口一、二潮菇一样茁壮生长。实际栽培中，可以采取将已出2～3潮菇的菌袋脱袋，浸水1～2天，以补充水分和营养。掉头翻面，室外（野外）覆土出菇，茶树菇的产量可以成倍增加。覆土既可减少菌袋水分散失，又便于灌水施肥，利于脱袋后的菌丝体缓慢吸收营养和水分，增强后劲，为茶树菇后期营养生长和生殖生长创造良好生态条件。此外，覆土还可为茶树菇生长提供辅助的营养源，形成培养料与覆土层之间的营养差。土壤中含有丰富的腐殖质，氮、磷、钾等矿质元素，多种维生素，以及多种有益微生物，且培养料的营养成分高于覆土层，有利于菌丝体对覆土层营养成分的吸收和运输，促进茶树菇子实体的生长发育。将脱袋后的菌丝料体竖直立排放入菇床中，袋底口朝上，用肥土或混合营养土或稻壳土，填实缝隙。或者将脱袋后的菌丝料体袋底口朝外，已出菇的一端头对头朝内，相隔20～30厘米，袋间空隙用土填实，每层覆土3厘米厚，喷水使土壤湿透，每座菌墙排放9～10层。对覆土的菌袋底口菌丝进行控温、变温、喷水、通风换气和刺激等有氧后续培养，时间为15～20天，以促进转色，形成棕褐色菌皮，现蕾出菇。

五、茶树菇菌棒栽培技术

（一）塑料袋的选择

塑料袋要选用耐高压的聚乙烯、耐低压聚乙烯或耐热聚丙烯等薄膜，不能使用农用聚氯乙烯薄膜。高压聚乙烯塑料袋只能用于常压灭菌。低压聚乙烯或耐热聚丙烯塑料袋可用于常压高温灭菌。塑料袋的规格，一般为15厘米×55厘米，一端封口，另一端开口。也可购塑料筒料，自己裁剪。

(二)长袋装料法

采用一端封口的15厘米×55厘米的耐低压聚乙烯栽培筒。操作时将未封口的一端张开，全筒均套入装袋机的出料筒，踩下开关装料。装料初期要压紧，让封口一端不留间隙，再逐渐向后退至接近袋口5厘米时，装料量已足够；取出料袋竖立传给扎口工序。如来不及扎口，也可捏紧袋口，使薄膜合拢并倒置于地上。若袋口朝上敞开，培养料将会往上爬动，使料袋不紧实。扎口时，可将料袋竖起，以增减料量，再在四周用拳击打数下，并清理袋口黏着物；然后把留有5厘米的袋口合拢扭拧，尽量使袋口的薄膜与料紧贴。最后用塑料编织带或棉纱线在紧贴培养料处扎紧，顺手扭转袋口薄膜，并反折再扎紧扎牢。手工装料的要求与以上基本相同。

装好的料袋用纱布擦去袋面残余物，平放在铺以麻袋或薄膜的地上，防止地上沙粒磨破料袋。一般每袋可装干料0.9千克左右，装料后的袋子实长50厘米。然后转入打接种穴或套袋。打接种穴的方法有两种：一种是装袋后就打接种穴，贴封胶布，然后进灭菌灶灭菌；另一种是装袋后先灭菌，在接种时边打穴、边接种、边贴胶布，两法均可采用。打穴时，用打洞器在料袋正面打4～5个接种穴。穴口直径为1.5厘米、深2厘米，并将食用菌专用胶布剪成3.25厘米×3.25厘米的小方块，专门做贴封穴口用，不可有缝隙或翘角。贴胶布的目的是保护接种口，防止杂菌污染。

(三)接种

茶树菇菌棒栽培的接种，同菌袋栽培一样，应在无菌室内用接种箱接种。菌棒两头出菇可两端接种，结合打穴，接种量可适当加大，每瓶菌种接

10 棒左右。对先打穴封口后灭菌的菌棒，接种时只需把胶布从一边揭开，把菌种放入接种穴后，再把胶布贴好即可。对先灭菌后打穴接种的菌棒，其接种操作步骤为：①用 75%乙醇浸润的纱布擦拭料袋一个侧面，确保打孔的料袋表面无杂菌；②打孔棒（或打孔筒）用 75%乙醇浸润纱布擦拭后，在料袋消毒侧面均匀连续打 4 个孔；③用大号镊子或接种器从菌种瓶内快速取出菌种，塞入孔穴；④用透明胶布或预先裁剪的地膜条贴封每个接完种的孔穴，确保菌种在封闭无菌环境下，迅速萌发和生长。

接种的方法：由两人在接种箱内合作完成。一人接种，一人打穴封口，进行流水作业。打穴封口的人要先用 75%乙醇棉球擦拭料袋，然后用打孔棒打孔，传递给接种人。接种后回递，用专用胶布贴封穴口。接种人接种时，用接种器提取菌种，迅速通过酒精灯火焰，对准料袋接种穴接入菌种，尽量接满穴口，并稍突出，顺手用毛刷扫净散落穴口四周的菌种屑。接完一面穴口后，把料袋反转一面。接种后两端口用线绳扎封，接种穴用胶布封口。一批料袋接完，再换第二批料袋。全部接完后，置于培养室排场发菌。

（四）菌棒发菌培养

1. 两端接种的菌棒

袋口方向与门窗方向一致，成行排列，叠高为 5～8 层左右，按照菌袋的发菌培养管理，适时解带松口和开袋，防止杂菌污染，协调水、温、气、湿、光之间的关系。

2. 打穴封口接种的菌棒

接种后，将菌袋搬进培养室或室外大棚，排场发菌。培养室要洁净、遮光。菌袋按“井”字形堆叠起来，接种穴应朝向两侧，层高不宜超过 10 层，一般以 8 层为宜。室温控制在 22～25℃，空气相对湿度控制在 60%左右。菌袋接种后 7 天内，一般以不搬动为宜，以后每隔 7～10 天，上下翻堆一次。前期仍为 4 袋交叉，横直堆叠，或 3 袋呈三角形交错堆叠。后期改为“井”字形交叉横直堆叠，以利于疏散热气，空气流畅。翻堆时，对感染杂菌的菌棒可另行堆放或处理。

在发菌期间，由于菌丝呼吸放出的热量会使袋里温度高出2～4℃，放出的二氧化碳会使室内的二氧化碳浓度增加，因此，必须及时通风换气。如果室内温度超过25℃，应在夜间通风换气。

在正常情况下，20天左右后菌落直径可长到8～10厘米。若菌丝纤细、稀疏，生长缓慢，说明棒内缺少氧气，这时可将外套袋口解开，以增加氧气。当多点菌落互相连接时，则可脱去外套袋，或者再在菌棒四周刺一些微孔、浅孔，以促使菌丝快长旺长，全面覆盖培养料。

（五）菌棒两头出菇管理

对生理成熟的菌棒进行开袋转色催蕾，给予适当的温差刺激和干湿刺激，并根据秋冬、春夏季气候条件的不同，在对温、湿、气、光的管理中，以保湿控温为主，加强通气增光。在出菇阶段，将空气相对湿度维持在90%～95%。气温高时，在早晚间打开菇房门窗。气温低时，在晴天中午开南窗，通风换气，增大培养室温差，促使子实体形成。水分管理以轻喷勤喷“空气水”为原则。天气潮湿，可少喷或不喷水。转潮阶段，湿度要适当降低，停止喷水几天，让菌丝恢复生长。

两头出菇的菌棒，采收2～3潮菇后，菌棒会严重失水收缩。因此，要进行浸水，也可将菌棒的塑料袋脱去，覆土栽培，埋入菜地、林荫地、玉米地、棉田（顺行开沟），浇水后出菇，管理得当，可继续出2～3潮菇。

（六）菌棒覆土出菇管理

发好菌的茶树菇菌棒不需经过转色，脱去薄膜袋后，可直接进行菌墙、坑畦式覆土栽培。

1. 坑畦式覆土

将脱袋后的菌棒横放于畦（坑）内，有接种穴的一面朝上，菌棒间隙为3～5

厘米，用肥土填满。已出菇2～3批的菌棒用经消毒灭菌的刀从中切断，将切断面向上竖放，间隙也用肥土填满。切割的料面须经10～15天的有氧后续培养，使之保持湿润状态，控制空气相对湿度为80％左右，早晚要通风换气。在菌棒表面，覆3～5厘米厚的粗细混合土（或菜园土）。

2. 菌墙式覆土

将脱袋后的菌棒，沿棚室方向平卧摆放，菌棒间的间隙为3～5厘米，并用肥土填满。已出菇2～3批的菌棒，可将其从当中切为两段，切断面朝外平卧摆放，段与段之间间距为20～30厘米，摆成双排菌墙。摆好一层，覆盖1～2厘米厚的土，再摆第二层菌棒，再填土和覆土，如此摆放6～8层，最上面的土做成槽式，便于出菇时灌水施肥。

3. 覆土、出菇期管理

覆土后立即喷水，使土料含水量在60％～70％，保持覆土层湿润，适量通气，控制室温，保持较高的湿度和充足的氧气。在子实体生长阶段，更要常喷水、常换气。在出菇期间，最适温度为18～23℃。出菇期可持续2～4个月，采收3～5批菇。每棒鲜菇产量可达0.4～0.6千克。

六、茶树菇大袋（菌筒）栽培技术

茶树菇大袋（菌筒）栽培，省工省料，可以有效提高菇房使用面积，提高茶树菇栽培的经济效益。

（一）栽培用塑料袋规格

一般选用厚0.03～0.04厘米、宽24～30厘米、长40～50厘米，或厚0.06厘米、宽17～20厘米、长40～45厘米的塑料袋，或选取食用菌栽培专用的厚度为0.04厘米低压聚乙烯塑料薄膜袋（又叫PE膜），可将每个袋子切成55厘米长；还可采用宽35厘米、长70厘米的特大袋。

（二）装袋灭菌

先将塑料袋一端封口或用线绳扎紧，将配制好的培养料装入塑料筒袋内，边装边振动，使料松紧度均匀一致，并尽可能装实。袋装满后，将另一端也用绳子扎紧。每个大袋装湿料3千克左右。袋装好后灭菌。灭菌要尽可能采用设施较好的高压锅炉或常压锅炉（灭菌柜）。由于大袋（菌筒）装料多，料体厚，灭菌相对较困难。因此，高压灭菌要适当延长0.5～1小时，常压灭菌要延长2～4小时，以达到彻底灭菌的目的。农村采用较简陋的常压灭菌灶灭菌时，菌筒排放比菌袋应留出更多的空隙，以利于蒸汽畅通，提高灭菌效果。或用铁筐装菌筒，堆叠后用塑料篷布或塑料膜密封灭菌。

（三）接种培养

菌袋灭菌冷却后，以无菌操作方式进行两头接种。接种时将袋口打开，用经消毒的锥形木棒，在料面钻接种穴，穴口直径为2厘米左右，穴深3～5厘米，每端3～5穴，两端共6～10穴。每穴接蚕豆大菌种2块，尽量接满穴口，接种完毕后，再在料面接上一小块菌种，以利于菌丝尽快占领料面，减少杂菌污染。每瓶菌种一般接6～8袋，然后两端加套颈圈。套时以左手握捏菌袋口成束状，套上颈圈，将袋口向下翻卷于颈圈外侧，再以右手拇指、食指二指按压颈圈，右手拇指或食指沿颈圈内侧顺时针旋转，将塑料袋向颈套内侧贴靠，整理压实。然后，再将消毒棉塞塞于颈圈内（棉塞透气性好，有利于发菌）。将接完种的菌筒搬入培养室进行培养。菌筒两头袋口的方向与门窗方向一致，一袋紧挨一袋地排成行，每行的一端留出1米左右作为通道，在行与行之间留60～70厘米宽作为管理的通道。气温高时菌墙可堆4～6层，气温低时可堆6～8层，将培养室温度调控为20～25℃。冬天中午开南窗，春、秋天早晚打开门窗，通风换气。门窗要设置遮阳物，控光使之接近黑暗，空气相对湿度保持在65％～70％。如培养室过于潮湿，使棉塞受潮，则容易感染杂菌。在培养发菌期间，为减少杂菌感染，要保持培养室内的清洁，且应少搬动菌袋，定期喷洒消毒药物。经过 40～60 天的发菌，菌丝布满料袋，即可转入出菇管理。

(四)出菇管理

茶树菇大袋(菌筒)出菇可按照菌棒两头出菇、覆土出菇的方式管理，或出 2～3 潮菇后，再将其切为两段，竖放于坑(畦)内，覆土出菇。

七、覆土栽培技术

随着栽培的范围不断扩大，茶树菇栽培技术也在不断地改进。各地已探索出许多新的栽培方式和先进的栽培经验。其中覆土栽培是茶树菇栽培方式改进较成功的模式之一。

覆土栽培相比其他栽培方式有省工、省成本和管理方便的优势。菌丝长满袋后，开袋或脱袋埋入土中，保湿性能好，可省去采菇后补水(注水、浸水)的烦琐工艺，且产量明显提高，产品质量好。

覆土栽培，覆土层本身含有丰富的腐殖质和氮、磷、钾、钙、硫、镁、铁、硼、铜等矿物质元素，以及多种维生素等，可作为一种辅助性基质，为茶树菇生长发育提供所需的碳素、氮素、矿物质和多种酶类的辅助因素或活化剂；还可提供多种有益的微生物，有利于促进茶树菇的生长发育。

覆土层为茶树菇生长创造一个良好生长条件。覆土后，形成了一个培养料与覆土层之间的营养差，即培养料的营养成分高于覆土层，有利于菌丝体对覆土层营养成分的吸收和运输，促进子实体发育。覆土层还有防寒保温作用，使菌袋温度稳定。此外，覆土层本身又具有重力，对菌体起机械刺激作用，有利于原基的分化和子实体的形成。

覆土有利于茶树菇出菇后劲的增强，做到均衡出菇。代料栽培没有覆土的，往往是出菇前期营养丰富，水分充足，产量高；中后期则由于营养、水分逐渐减少而产量降低。而覆土栽培由于改善了生态条件，补充了营养和水分，出菇后劲足，所以，在前、中、后期出菇数量较为均衡。

覆土有利于抵制杂菌的发生和繁殖。一些常见的杂菌，如毛霉、曲霉、根霉、木霉和链孢霉等，其发生和繁殖的共同特点是好气、好高温和好酸性的环境，通常发生在与空气接触多的培养料表面。覆土之后，隔离了菌袋与空气的直接接触，既可减少菌袋水分散失，又可抑制杂菌污染。覆土中含有一定的矿物质元素，可增大覆土层的酸碱度。如果在覆土层添加一定量的石灰，则碱性更大，有利于抑制杂菌的发生和繁殖。

覆土对茶树菇子实体的生长发育有很重要的作用。覆土也是夺取茶树菇高产的重要措施之一。覆土栽培有墙式覆土栽培和畦(坑)式覆土栽培。

(一)墙式覆土栽培

墙式覆土栽培，又分为依靠土墙单层墙式覆土、单层墙式覆土和双层墙式覆土等。

1. 覆土前的准备

栽培场地选择闲置仓库、空闲房屋、蔬菜大棚和日光温室等各种保护地，用作栽培茶树菇的场地。尤其是利用温室栽培茶树菇，具有保温好、管理方便、出菇快、生育期长、产量高等特点，其效益更为理想。

2. 覆盖用土的准备

覆盖用土由于需要量大，且质量要求较高，因此应及时加工好，贮藏备用。覆盖用土要求营养丰富全面，颗粒性状良好，吸水保水性强。通常覆土材料有肥土(菜园土)、营养土(棉籽壳发酵料土)、稻壳土、炭泥混合土和常规粗细土。

(1)肥土

取挖地表10厘米深处的富含腐殖质的菜田肥土和林荫地土。因表层土壤含杂菌多，不宜做覆土用，故应去掉表层土。然后将取土打碎，捡去石块并过筛，再放在干净的水泥地或砖地上暴晒1天。接着在其中加入1%～2%石灰粉、2%磷肥拌和，将0.1%复合肥溶于水。为防止泥中带有杂菌和害虫，可在水中加入甲醛和菇虫净，每500～100升水加甲醛1.5千克、菇虫净药液0.3～0.5千克、边洒水边搅拌，然后把土堆成堆，用塑料薄膜覆盖堆闷4～5天，消灭土中病虫害。

(2)棉籽壳发酵料土

棉籽壳发酵料土疏松通气，持水量大，比各种土壤的保水性好。棉籽壳发酵料中所含的大量水分，可以供茶树菇子实体发育之用；棉籽壳在发酵过程中所熟化的纤维素和木质素，以及所贮存的复合肥等，可以供给茶树菇生长所需的营养，增加茶树菇的产量。棉籽壳发酵料，按干料计算，加入10%麦麸或米糠、1%～2%新鲜石灰、2%过磷酸钙，加入稀释敌敌畏800倍液、0.1%～0.2%多菌灵、0.1%复合肥，拌好后堆成宽1米、高0.5米的梯形堆，长度不限，表面稍压平并覆盖塑料薄膜。待温度自然上升到65℃后，保持24小时，然后进行第一次翻堆。翻堆时，要将表层及边缘的料翻到中间，中间的料要翻到表面。要用木棒在料堆上扎几个洞以利于通气。然后稍压平，插入温度计后覆膜，升温到65℃。如此进行3次。发酵后，棉籽壳和土壤按1∶8～10比例混合，充分拌和，使之无泥块，含水量达50%左右。

(3)稻壳土

稻壳用5%石灰水浸泡24小时，捞起沥干，以不滴水为宜。取本地泥土(去掉表土)捣碎或从河中捞河泥摊于水泥地或砖地上沥干，然后按1∶10～15比例，将稻壳和泥土混合，并视泥土的干湿状况，边拌边加入少量水，含水量以手能握成团、落地即散为宜。为防止泥土中带有杂菌和害虫，可在水中加入杀菌杀虫药物(每50～100升水加甲醛1.5千克，敌敌畏0.5千克，氯氨菊酯0.3～0.5千克)，拌入稻壳土中，然后堆成堆，用薄膜覆盖，闷1夜。

(4)炭泥混合土

将地下深层无杂菌和害虫的泥炭土与本地土(表土不用)，按1∶1～2的比例混合即成。要求混合均匀，并在混合时加入占炭泥总量 1.5%～2%的石灰粉和磷肥拌匀，再加 0.1%复合肥水溶液，含水量以手能握成团、落地散开为宜。然后将混合土堆积保湿备用。这种覆用土结构疏松、吸水性强、含水量大、通气性能好。

(5)常规粗、细土

粗土要选择毛细孔多、团粒结构好的沙壤土，一般取表土以下 16.5 厘米的深层土(表土不用)，掰成土粒晒干。粗土颗粒直径为 2～2.5 厘米，每千克为 50～60 粒，每平方米的覆土用量为 23～27 千克。细土以选用稍带黏性的土壤为好，喷水后不易松散和板结，水容易渗透到粗土上。一般选用水稻田土(表土不用)，掰成土粒晒干。细土粒为黄豆大小，直径为 0.5 厘米左右，每平方米床面覆土用量为 18 千克左右。覆土前，把粗土、细土分别放在干净的水泥地或砖地上晒 1 天，然后再用 0.5%敌敌畏药液，或 4%～5%甲醛溶液喷施，每 500 千克干土喷 2.5～3 升。喷药后分别将粗土粒、细土粒堆成堆，用塑料薄膜覆盖后闷 24 小时，以消灭土粒上的害虫。

3. 双层墙式覆土

菌墙底先垫一层 2 厘米左右的细沙，或透水性较好的沙土。将发好菌的生理成熟、吐黄水的菌袋，沿袋口培养基表面剪平，并用小刀片在塑料袋侧面割 3～4 道 5～7 厘米长的小口子；菌袋底部割掉薄膜，以利于菌袋在菌墙中吸收水分和营养，排出菌袋多余的积水及空气；再将割了口的菌袋顺着门窗方向，卧摆成间距 20～30 厘米的两排，中间填充经过处理的肥土或营养土，或稻壳土，或炭泥土。摆好一层菌袋，覆盖一层 1～2 厘米厚的土；再摆第二层菌袋，再填覆用土，如此摆放 10～12 层。两头开口的菌袋袋底一端向菌墙内，袋口一端朝菌墙外。在最上层覆盖 10～12 厘米厚的土，做成槽，并在双排菌墙之间填土处打 3～5 个 0.3～0.5 米深的洞，以便于在出菇期灌水。在搬移菌袋和开袋时，应轻拿轻放，切勿抛摔，以免损伤茶树菇原基。按照此法，可再做第二道、第三道菌墙，直至全部完成。在菌墙与菌墙之间要留

50～80 厘米宽的人行道，以便进行管理操作。

菌棒、大袋(菌筒)的墙式覆土方法，见本章菌棒、大袋栽培技术部分的有关内容。已出菇 2～3 潮的茶树菇菌袋，其墙式覆土的方法是，先将菌袋塑料袋全部脱掉，再排成两列，使已经出菇的一端相对，间隔 20～30 厘米，袋底口的一端朝外，两袋间距 2～3 厘米，中间用土填充。每层菌袋上边覆土 3 厘米厚，并喷水使覆土吸足水分。如此依次排放菌袋，可排 9～10 层。最上层覆盖 10 厘米左右厚的土，并做成槽，即成一道菌墙。

实际栽培中，由于双层墙式覆土占地面积少，较为实用经济，因此被普遍采用。

4. 覆土后的管理

覆土后管理工作的重点是保持覆土层的水分，促进菌丝长入覆土层内，并调节菇房内温度，使之保持在 16～23℃。

(1)覆肥土

先将肥土预湿，在 2～3 天内调足水分，以土粒不会黏结成团为宜。覆土后的调水标准是，一般第一天每 100 千克覆土调水 3～5 升，第二天每 100 千克覆土调水 4～8 升，第三天每 100 千克覆土调水 4～6 升。调水采取轻喷勤灌的方法，不可一次灌水太多，防止水分流入料内，伤害菌丝。

(2)覆棉籽壳发酵料土

棉籽壳发酵料土覆上后调水，要求在 1～2 天内完成。调水应掌握少量多次的原则，分 3～5 次将覆土层调节到适宜的湿度。每 100 千克覆土的总用水量为 6～8 升。调水应仔细地进行，灌灌停停、停停灌灌，以水湿透菌墙为准。

(3)覆稻壳土

覆土后第二天开始调水，每次调水量以每 100 千克覆土调水 1～2 升为宜，连续进行 4～5 天。然后，关窗保湿，以养菌为主，可适量进行小通风。

(4)覆炭泥混合土(或泥炭土)

炭泥混合土(或泥炭土)用的是湿土，覆土后一般不需调水。如覆土偏干，可轻灌少量水，保持覆土呈湿润状态。覆土调水后，茶树菇菌丝深入覆土之中，吸收水分及养分，促进子实体形成和生长。这一时期要根据天气是晴热干燥还是阴雨潮湿、水分蒸发量的大小、土质吸水的快慢，以及培养料的干湿程度适当调水。如果培养料含水量正常，则应防止过多的水流到料里，以免其变质发黑。如果培养料偏干，要把覆土调湿些。当菌袋口原基形成、覆土内菌丝爬上土表时，即可喷灌结菇水。具体方法如下：先用轻水引菇，每次每100千克覆土用水1～2升，1天喷灌2次，连续喷灌3天。菇房内要喷雾增大湿度，并适当打开门窗通风换气。当菌墙出现大量鱼子般的菇蕾时，要喷灌结菇水，分3～4天喷完。第一天，每100千克覆土用水2～3升，分2～3次喷灌；第二天和第三天，每100千克覆土用水3～4升，分3次喷灌；第四天后，不再喷灌，但要掌握菇房空气湿度。待要采菇时，再喷灌出菇水，用量为每100千克覆土喷灌4～5升，分2～3天喷灌完。如果菌墙比较潮湿，可以适当减少喷水量。

5. 出菇管理

茶树菇在出菇阶段所需的水分来源于培养料、覆土层和空气。茶树菇菌墙覆土栽培，菌袋外侧出菇，而内侧菌丝则伸入土中吸收水分和营养物质。覆土栽培的水分管理重点是对覆土层喷灌水和调节菇房内的空气湿度。喷水时应掌握菇多时多喷灌、菇少时少喷灌，前期多喷灌、后期少喷灌的原则，以保持覆土层松软潮湿，菇房内空气相对湿度在90%～95%。每天在地面和走道的上空以及四周墙壁，喷雾浇水2～3次。阴雨潮湿天气要多通风，以增加空气湿度。每潮菇出菇高峰过后，要降低菇房的空气相对湿度，对地面和空间要少喷水或不喷水。此外，还应结合当时当地的气候条件和菇房的保湿性能等，灵活把握。茶树菇出菇2～3潮后，培养料中的大量营养物质被吸收利用。因此，第四批菇会出现衰弱现象，菇量减少，而且所出的菇菇小、伞小、单生不成丛。此时，应合理追肥，增加覆土层的养分，促进菌丝的生长和子实体的发育，使菌丝体继续保持产菇能力。茶树菇覆土栽培,可持续采收 4～6 潮菇,较其他栽培方式,其生育期要长 2 个月左右。

(二)坑(畦)式覆土栽培

1. 建好菇床

栽培场地要选择保水性能好、土地肥沃、排灌水方便的平地或稻田,挖成宽 80～100 厘米、深 25～30 厘米、长度不限的南北方向菇床,菇床间距为 50～60 厘米,四周及床底要拍实。菇床面要支上竹弓,并覆以薄膜。整个场地要用竹木搭成棚架。在冬季,棚架顶面不盖遮阳物,以提高棚内温度;春分过后,棚顶加盖遮阳物,以二成阳八成阴为宜。

2. 脱袋覆土

当菌丝长满袋后即可脱袋。脱袋不必一定要转色,但也可将转色、吐黄水生理成熟的菌袋脱袋。将脱袋后的茶树菇菌丝料体竖直并排放入菇床的畦坑中,用肥土或其他覆用土填实,并覆土 3～4 厘米厚。若用常规粗细土覆土,则先覆中土(大小介于粗细土之间),再覆一层 3～3.5 厘米厚的粗土。土粒要铺平排紧,不要重叠。待菌丝萌发生长后,填补菌丝料体之间空隙。覆第一次细土(一般在覆土后 10～15 天)的量,以看不见粗土为宜。8～12 天后,再薄薄覆一层半干半湿的细土,厚度为 1～2 厘米。所覆细土为肥土、棉籽壳发酵料土、稻壳土和炭泥混合土等覆用土。覆土时,先用土填实菌丝料体间的空隙,再将土一次性均匀地撒在料面上,厚为 3～3.5 厘米。也可分 2 次覆土,即先均匀地覆盖一薄层,厚 2～2.5 厘米;10～20 天后,再覆盖一层,厚约 1 厘米。

3. 覆土后的管理

覆粗土后 1～2 天开始调水,连续调水 3 天,每 100 千克覆土用水量为 15～20 升。第一天每 100 千克覆土的喷水量为 4～5 升,第二天为 5～7 升,第三天把水喷完。喷水要分次进行,每次的喷水量不能太多。粗土含水量为20%左右，能用手捏扁而不沾手。调水期间，菇房要打开门窗通风换气。

覆细土后，第二天开始调水，调水原则为先少后多、先干后湿。每天喷水1次，每次每100千克覆土的喷水量为1～1.5升，2～3天调好水，使覆土含水量为16%左右。调水期间，要经常通风换气，促进菌丝扭结形成原基。

当覆土层开始出现黄水时，要禁止喷水2～3天，并打开门窗，加强通风换气，促进原基形成。待土层内幼蕾形成时，及时喷出菇水。

用肥土、混合营养土等进行坑畦式覆土的具体管理方法与菌墙覆土相同。

4. 出菇管理

茶树菇菌蕾形成后，要及时喷出菇水，分2～4天喷入，每100千克覆土喷4升左右水，达到细土能捏得扁、搓得圆为度。喷出菇水后，要逐渐减少通风，以增加室内空气相对湿度，使之保持在90%～95%，保证子实体生长正常，达优质高产的栽培目的。

八、工厂化栽培

近年来，由于受劳动力、原材料和生产设备等诸多因素影响，越来越多的茶树菇生产企业采用工厂化栽培的方式栽培茶树菇，利用现代生物工程技术及先进的机械化设备人为地控制茶树菇的生长过程，为茶树菇的生长发育提供所需的温、湿、光、气等自然条件，使生产不受地域及季节影响。

(一)工厂化栽培工艺流程

1. 栽培原材料制备

工厂化栽培茶树菇原材料主要为棉籽壳。棉籽壳宜选用长绒等级，栽培配方为：棉籽壳95%、麸皮5%。提前1天将棉籽壳堆制预湿，避免有干粒。拌料时，将麸皮按照当日生产量测算称重后备用。用铲车将预湿后的棉籽壳推入全沉式搅拌槽内，加入麸皮，经过充分搅拌后送入装袋机装袋。

2. 装袋

采用对折径 15 厘米×30 厘米×0.005 厘米的聚丙烯塑料袋装料，每袋装湿料 800～850 克，料高 16 厘米，整平料面，擦净袋口后套上塑料套环，盖上防水型透气盖。通过传送带人工装筐上灭菌小车。从拌料至上灭菌小车全程不超过 4 小时，以防培养料酸化。

3. 灭菌

装好的料袋装入周转筐，之后装上灭菌小车，灭菌小车间距要合理，保证蒸汽循环畅通，在高压下 121℃灭菌 3 小时。

4. 冷却与接种

菌包灭菌结束。工人进入双门高压灭菌锅缓冲通道，开门前换鞋、更衣，启动过道净化系统，再进入风淋室，启动排气风扇，最后打开锅门。将灭菌后的菌包拉入预冷室，灭菌小车间要留 30 厘米左右间距，长轴和风向平行，四周离墙留 80 厘米通道，通过净化后过滤风，待料包外壁冷却至 35℃以下时进入二冷间。二冷间依靠制冷机组强制制冷，待料包降至常温后移入净化的接种间接种。

5. 菌丝培养

将接种结束后的菌包搬运至发菌室，整筐摆放于培养架上，用叉车将培养架堆叠于第一架上培养，上下架之间要间隔 30 厘米。培养室温度控制在 24～26℃，空气相对湿度保持在 75%左右，避光培养；始终保持培养库处于正压状态，利用轴流风机和制冷机组进行通风换气，确保二氧化碳浓度不超过 0.3%。接种后第 10 天入库检查杂菌，发现杂菌污染的菌袋及时搬出培养库并处理，防上扩散蔓延。一般接种后 45 天左右菌丝即可长满菌袋，再经 5 天后熟即可移入出菇房进行催蕾出菇。

6. 出菇管理

出菇房中保持有散射光照，菇蕾初期散射光为 150～200 勒克斯，子实体生长期散射光为100～150勒克斯。出菇房温度控制，出菇房前3～5天温度保持在10～15℃，然后升高到22～25℃持续3～5天，接着保持在16～24℃；或出菇房前3～5天温度保持22～25℃，然后降至10～15℃持续3～5天，接着保持在16～24℃。出菇房空气相对湿度保持在85%～90%。将菌袋移入出菇房10后可采收第一批菇。

(二)液体菌种制作

液体菌种制作是茶树菇生产的关键环节。液体菌种是指食用菌菌株利用适合的液体培养基，经过深层发酵，培养成的菌丝小球，用以替代传统木屑菌种，可在食用菌工厂生产中持续使用。生长在液体培养基中的菌丝体，在生产上又称为深层发酵或深层培养。

液体菌种优点：液体菌种纯度较高及活动力强，解决了固体菌种扩大生产中难以同步性发育的问题；菌种自动化生产和机械化接种水平得到提高；减少员工数，劳动强度大幅度下降；由于接种时采用伞状喷雾，缩短栽培瓶(包)培养时间，增加库房周转率。

液体菌种已有50多年的历史，由于当时食用菌产业还没形成今天如此大的规模，依然处于小农作坊式生产，无法持续使用。另外，在规模化生产初期，很多人对无菌概念认识薄弱，相关小型净化设备还未上市，创造无菌接种环境力不从心，而且运行费用高等，所以人们对于液体菌种兴趣不大。

随着部分菌类工厂化栽培技术的成熟，栽培厂家不断增加，栽培规模不断扩大，特别是近几年开发出高效空气净化器，上述优点凸显，使液体菌种应用成为可能。

1. 液体发酵罐菌种制作

一套完整的液体发酵设备，应有安全的空气过滤系统、科学的罐体结构、灵敏的自动控制器、有效的通停电装置。空气过滤系统要由高效过滤器组成，以适应全国各地不同的气候，有效地将空气净化，尤其要使接种区域空气净化级别达到百级。

2. 液体菌种工艺流程

(1)发酵罐数量配置

液体菌种生产属于菌丝无性繁殖过程，利用每一微小的菌丝片段都能够形成新的生长点的原理，菌丝断裂，形成新菌丝单元，不断增殖成规模化生产用种。

发酵罐是液体菌种生产所必备的设备。其种类有搅拌式发酵罐和气流式发酵罐。不同厂家生产的发酵罐质量不同，根据生产计划、栽培规模、发酵周期等配置种子罐和发酵罐的数量。另准备备用罐1～2个。

(2)三角瓶菌种

和常规液体菌种制作方法相同。

常用茶树菇液体菌种配方：马铃薯200克、葡萄糖20克、蛋白胨2克、水1000毫升。将配置好的培养基倒入三角瓶(容量为该三角瓶体积的1/5，并放置3～5粒小玻璃珠)，经常规高压灭菌、冷却后。在无菌操作箱内按照无菌操作规程操作，使用接种工具刮取斜面培养基菌丝接种块0.5厘米×0.5厘米×0.2厘米大小，接种至三角烧瓶，置于保温(22～23℃)往复式振荡培养摇床中，振荡培养7～10天，菌种便可使用。

摇床的特性会影响氧气的质传效应，从而影响菌体的生长。摇床的形式通常为往复式及旋转式，往复式的回转速度为80～140转/分，旋转式的回转速度为60～300转/分，不宜使用磁力搅拌机。

3. 清洗罐体

由于工厂规模化栽培包制作是连续性的，所以每次发酵罐使用完毕，一定要彻底清洗罐体，冲刷干净。如果短时间不使用，应保持干燥；使用前，应对空罐消毒。

4. 罐的制备

① 设备检查：先检查罐体连接管路是否正常，再检查过滤器是否出现漏

气、堵塞、通气不畅等。

② 培养液的配制：将配制好的培养液倒入发酵罐内，加入清水定容，锁好发酵罐各管口阀门，通入空气后检查各管口有无漏水、漏气现象。

5. 灭菌与冷却

将发酵罐推入灭菌柜内，按照灭菌程序进行灭菌。灭菌质量决定液体菌种生产的成败。灭菌结束后将发酵罐推入冷却室，冷却至30℃以下时即可接种。

6. 接种

将冷却后的发酵罐放置在专用FFU高效层流罩下，先将接种罩内环境净化1小时，再严格按照无菌操作流程操作，将培养好、已确定无任何污染的三角瓶内的菌种，由接种孔倒入种子发酵罐中。

7. 发酵罐菌种制作、培养

① 发酵罐：在发酵培养过程中必须维持发酵罐体内正压，防止污染。搅拌速度通常为150～180转/分，通气量维持在1～5米^3/分。

② 温度：茶树菇菌丝培养温度宜控制在23～24℃。

③ 通气和搅拌：空气经过4道过滤处理，才能够进入发酵罐。为了增进通气效率，使每一个菌体细胞都能获得充足的氧气，可通过搅拌或通气方式增加培养液中的氧气。

④ 接种后的培养：发酵罐菌种在23～24℃环境下进行培养，每间隔2天，严格按照无菌操作规程进行取样镜检，判断发酵罐菌种的质量，是继续还是终止培养。

8. 液体菌种发酵质量的检查

① 生物质量检查：根据菌丝量多少及菌丝球大小判定菌种质量。80%以上的菌丝球直径必须小于1毫米。

② 感官分析：成熟的液态菌种具有茶树菇特有的气味，其发酵液较为澄

清透明，若有杂菌（通常为细菌）污染，呈现浑浊，且具有异味（如酸、臭等）。

③ 显微镜观察：发酵过程中定时取样，于光学显微镜下观察菌丝体状态，若发现异常菌丝体，则生长不良。

9. 生产使用

培养 7 天后，菌丝浓度和菌丝活力达到峰值（菌丝球量、发酵液黏稠度、pH 值），再次确认无污染后，该发酵罐的菌种才可以用于生产接种。

接种前，将发酵好的液体菌种生产罐移入放罐间（提前净化消毒），连接接种枪管路，进行接种。

10. 接种间的净化

规模化栽培，生产量相当大，只能采用流水线生产。为了保证接种操作区域有一定的正压风压，采用垂帘下流水线接种方式进行液体菌种接种。

11. 接种枪接种

接种枪如分注器，将液体菌种分注入栽培包内，每包接种定量为 20 毫升。接种时三人配合，一人取出栽培包带沿的塑料棒；一人使用接种枪接种，按动开关，控制流量，使每一栽培包接种位置一致；一人塞棉塞，如此循环。

近年来，空气净化器开发成功，实现接种 FFU 环境层流罩下的净化级别达到百级，栽培者科技水平的提高，员工规范操作和监督机制的建立，可为液体菌种的生产和发展打下了良好的基础。因此，保持菌种室内的净化程度，尤其是操作工的规范操作和监督，是长期的工作任务。

各种液体菌种均有其长处，但设备的维护不可轻视。此外，如果液体菌种的菌丝团过大、菌液黏度太高，必须使用高压喷射。喷射时，含有大量养分的菌液以雾状扩散，这种营养液黏附在培养瓶（包）的外壁上，培养室内杂菌孢子就会利用其作为营养源进行繁殖，成为培养室的污染源；如果黏附到接种机机体和接种机的喷嘴上，就会在接种机上繁殖，形成污染源。往往忽视微小的问题就会导致污染，而根源则难以被发现。因此设备需要定期消毒灭菌和维护。

九、栽培注意事项

(一)菌袋培养

栽培袋制作完成后应立即搬入培养室培养。在这个阶段为了避免一面发菌、一面出菇的现象发生，可在黑暗条件下培养。室内要保持清洁卫生，每隔2天要用3%过氧乙酸消毒水喷洒消毒。温度控制在20～25℃，空气相对湿度控制在75%～85%。经过30天的培养，将栽培袋搬入菇房中，解开扎口线，菌丝就会很快吃料，开始长菇。要经常检查菌袋，如发现杂菌污染，要及时拣出，防止扩散蔓延。

(二)病虫害防治

茶树菇在栽培过程中的病虫害以预防为主，详细防治措施见第四章。

(三)出菇管理及采收

出菇管理的重点是控制温度在18～24℃，空气相对湿度在85%～90%，因为茶树菇属好光、好气性真菌。因此，在长菇的时候，光照应控制在100勒克斯左右，相当于在1平方米的范围内，同时点燃100根左右蜡烛。光照不足时生长慢，菇体薄，色泽深；但光照太强，菇也长得慢，而且菌盖干亮，产量少。

菌丝生长和子实体发育都需要充足的氧气，因此应经常打开门窗，并开启排风扇，早晚换气通风，每次1小时。出菇时，茶树菇的子实体会从培养基中吸收大量的水分，因此在这个时期以喷水保湿为主，如果栽培袋失水过多，可采取直接向栽培袋内注水的方式给栽培袋补水。

出菇前，菌丝料面的颜色会起变化，表面有深褐色的斑块。当出现小菇蕾时要注意保持空气相对湿度在90%以上。随着子实体的不断长大，茶树菇菌盖颜色逐渐变淡，这时必须将空气相对湿度降至85%、减少通风，以防氧气过多，导致开伞早、菌柄短、菇肉薄。当茶树菇子实体菌盖开始平展，菌环未脱落时就要及时采收。如菌盖完全展平，才采收就太晚了。

采菇前一天不要喷水，否则会使鲜菇含水量过高，影响鲜菇的品质，并且不利于长时间储存。采收时单朵或整丛不论大小一次性全部采完。因茶树菇菌柄较脆，容易折断，采收时应一只手臂弯曲肘部并前臂靠近身体，另一只手抓住菇的基部拧下菇柄。菇面统一朝向一侧，整齐地放在弯曲的前臂上，随着采收的茶树菇越来越多，应双手轻轻地抱住茶树菇，将它们码放到箱子里面，码放时要将菇面朝向外面，箱内垫报纸保护，每摞间要用报纸隔开，注意保持菇面干净。

采收后菌袋料面需清理干净，让菌丝休养恢复2～3天，淋1次水，7～10天后又可长出新一潮菇。以后继续按上面的方法管理，再出第三潮菇，只要管理得当，一般每袋可出5潮菇。

第四章

茶树菇病虫害防治技术

一、常见杂菌病害防治

(一)竞争性杂菌

1. 霉菌类

常见的是木霉、链孢霉、青霉、曲霉、根霉和毛霉等。

(1)木霉

危害食用菌的木霉种类很多,主要有哈茨木霉、长枝木霉、多孢木霉、绿色木霉和康氏木霉。木霉属于半知菌亚门丛梗孢目木霉属,是普遍发生且危害严重的杂菌。木霉的特征是产生大量的暗绿色孢子。木霉菌丝纤细,白色透明,有分枝、分隔。菌落初期呈白色斑块、棉絮状,产生孢子后逐渐变为绿色。木霉的孢子梗呈松塔状,长在菌丝的短侧枝上,常做 2~3 级分枝。木霉孢子可长期存活于各种腐木、枯枝落叶、植物残体、土壤和空气中,自然界到处都可以找到它的家族成员。木霉孢子萌发和菌丝生长的最适温度为30℃左右,一般 15℃以下不易萌发和形成危害,5℃以下不能生长。木霉的孢子借助气流、水滴、昆虫、原料、工具及操作人员的手和衣服等传播,一旦遇到适宜的条件,就马上萌发形成菌丝,繁殖危害。木霉菌感染菌袋后,初期为棉絮状或致密束丛状白色菌落,随着生长,从菌落中心开始渐至边缘,出现明显的绿色或暗绿色粉状霉层,产生绿色孢子,呈绿色点斑状,严重时呈块状,而边缘仍是浓密的白色菌丝。木霉菌丝分解纤维素、木质素能力强,能在各种培养基质上生长,并能分泌胞外毒素,杀伤或杀死寄主,使食用菌菌丝不能生长或逐渐死亡。木霉嗜高温、高湿、偏酸的环境条件。木霉适应性强,在 4~42℃都能生长繁殖,甚至阳光也晒不死,繁殖速度快,片段菌丝也能迅速分枝蔓延形成菌落。被木霉感染的菌种必须弃之。若绿色斑块很大,已遍及菌袋表面 1/3,应将该菌袋烧掉,以免传播。

防治方法如下：

① 保持场地及工具洁净，经常对培养室、栽培厂、工具等进行消毒，保持周围环境洁净。

② 科学配方，适当减少碳氮比，培养基的水分控制在60%～65%，调高培养料的pH，把好塑料袋的质量关，无微孔，厚度要均匀。

③ 灭菌要彻底，木霉分生孢子在100℃下能存活4～6小时，因此常压下，培养料要灭菌10小时以上，126℃高温灭菌2～3小时。

④ 及时清除污染的菌袋，如果木霉侵染得太严重，又不易防治，要深埋或烧掉，以防木霉孢子散发、蔓延。

(2)链孢霉

链孢霉又称红色面包霉，亦称脉孢霉、串珠霉，俗称红霉菌，常见的有粗糙脉孢菌和间型脉孢菌。链孢霉具隔膜，生长疏松，呈棉絮状。菌丝白色或灰色，匍匐生长，分枝。分生孢子梗直接从菌丝上长出，与菌丝无明显差异，梗顶端形成分生孢子。初期，分生孢子在分生孢子梗顶端，呈长链状，并可分枝；后期，菌丝断裂成分生孢子，分生孢子卵形或近球形，成串悬挂在气生菌丝上，呈橘红色。链孢霉广泛分布于自然界土壤中和禾本科植物上，尤其在玉米芯、棉籽壳上极易发生。其分生孢子在空气中到处飘浮，主要以分生孢子传播危害，是高温季节发生的最重要的杂菌，5～9月是其盛发高峰期。该菌的孢子萌发、菌丝生长速度极快，特别是气生菌丝（也叫产孢菌丝）顽强有力，能穿出菌种的封口材料，挤破菌种袋，形成数量极大的分生孢子团，有当日萌发、隔日产孢高速繁殖之特性。在20～30℃温度范围内，在斜面培养基上，一昼夜可长满整个试管；在木屑及棉籽壳培养料上，蔓延迅速，传播力强。发菌室内一旦发现菌袋感染链孢霉而未及时采取杀灭措施，则3天后整个生产场地都会布满链孢霉红色的孢子，造成毁灭性损失。培养料灭菌不彻底、接种室或接种箱灭菌消毒不严格、接种人员未严格进行无菌操作、棉塞受潮、菌种带菌等，都可造成链孢霉的污染。该菌来势之猛、蔓延之快、危害之大，不亚于木霉。

防治方法如下：

① 发现链孢霉污染，由于其极易扩散，所以不要轻易触动污染物，要用湿纸或布裹好后销毁或灭菌。

② 降低培养室温度、湿度，能显著抑制这类杂菌的繁殖生长。

③ 严格灭菌、接种，培养料要灭菌彻底，棉花塞避免受潮，严控塑料袋的质量，要求无破损，接种室或接种箱严格灭菌消毒，接种人员严格进行无菌操作。

④ 菌袋发菌初期受侵染出现橘红色斑块时，可向染菌部位喷施甲醛500倍液，以控制病害蔓延。将轻度受害菌袋埋入深30～40厘米透气差的土壤中，经20～30天缺氧处理后，可有效减轻危害，菌袋仍会出菇。

(3)青霉

青霉孢子色泽与木霉相近，故生产上易与木霉相混，主要有圆青霉、黄青霉和白青霉等。青霉在自然界分布广泛，菌丝前期呈白色，3天后产生青绿色孢子。青霉菌丝无色、分枝、分隔。分生孢子梗从菌丝上垂直生出，有横隔，顶端生有帚状分枝。分枝一次或多次，顶层为小梗，串生分生孢子。分生孢子球形或椭圆形，多数呈青绿色。侵染培养料后，初期其菌丝白色，与食用菌菌丝相似，随着分生孢子的大量产生，颜色逐渐由白色转变为浅蓝色或绿色，形成粉末状菌落。同时分泌毒素抑制食用菌菌丝生长，造成菌丝死亡。青霉属低温性真菌，温度降至27℃以下时，发生较多。青霉的分生孢子主要靠空气传播。青霉常发生在菌袋上，影响菌丝的生长，轻则导致减产，重则不能出菇。

防治方法如下：

① 参考木霉的防治。

② 加强培养室通风，降低湿度。局部发生时，可用5%～10%生石灰水冲刷染菌处。

(4)曲霉

曲霉又称黄曲霉、黄霉病等。曲霉的种类很多,主要有黑曲霉、黄曲霉、灰绿曲霉、白曲霉和土曲霉等。曲霉的菌丝较粗,初期白色,有隔、无色、淡色或表面凝集有色物质。分生孢子梗是由分化为厚壁的足细胞长出,直立生长,不分枝,梗顶端膨大成球形或棍棒的顶囊,其表面生满辐射状小梗,在小梗顶端串生分生孢子。分生孢子为单孢,呈球形、卵圆形或椭圆形。孢子呈黄色、绿色、褐色、黑色等各种颜色,因而菌落呈各种色彩。菌落颜色随种而异。危害菌种及菌袋的主要有孢子头呈黑色的黑曲霉,孢子头呈黄色的黄曲霉,孢子头呈奶白色的白曲霉,以及孢子头呈桂皮色的土曲霉。曲霉在自然界分布广泛,可以在土壤、粮食和植物材料等一切有机物上生长生存,分生孢子随空气流飘浮扩散。高温、高湿、通风不良的环境有利于其生长发育。曲霉多发生在菌丝体阶段的培养基上,多由原料中混进,或无菌操作不严时经空气感染。感染曲霉后,菌丝很快萎缩,并发出一股刺鼻的臭气,影响食用菌生长。培养料含水量偏高、空气相对湿度过大以及通风不良等环境有利于曲霉滋生。

防治方法如下:

① 参考木霉的防治。

② 加强通风,控制喷水,降低空气相对湿度,形成不利于曲霉生长的环境。对污染部位可用2%~5%石灰水涂抹杀灭。

(5)根霉

根霉又称黑头霉,属真菌门结合菌亚门结合菌纲毛霉目毛霉科根霉属。危害食用菌最常见的为黑根霉。根霉菌丝发达,不具隔膜,以孢囊潜子进行无性繁殖。菌落初为白色或灰白色,棉絮状,稀疏,较长,清晰可辨。菌丝无色透明,无横隔。孢子囊梗长、粗壮、不分枝或分枝,顶端生有球形孢子囊。孢子囊呈黑色,囊内形成很多孢囊孢子,孢囊孢子呈球形或近球形,无色或淡黄褐色,孢囊梗近基部可长出短梗,顶端形成一个小型孢子囊,内有一个或几个孢子。后期菌落中出现许多微小颗粒，初为白色，后为灰白色至黑色，说明孢子囊大量成熟。该菌存在于土壤、粪便、生霉材料、禾草及空气中，对湿度的要求较高，属嗜湿性菌类，在温度较高、湿度大、通风不良条件下发生率高。根霉对环境的适应性强，生长迅速。侵染培养料后，根霉可与食用菌菌丝争夺养料和水分，从而使食用菌菌丝生长受到抑制。受污染的培养料，初期生长出灰白色粗长稀疏的菌丝，其生长速度快于食用菌菌丝。

防治方法：加大接种量，造成菌种优势，以控制根霉的生长，同时加强培养室内通风换气，降低空气湿度，以控制其发生，具体可参考木霉的防治。

(6)毛霉

危害食用菌的毛霉种类繁多，最常见的为总状毛霉、大毛霉，俗称长毛菌，属真菌门结合菌亚门结合菌纲毛霉目毛霉科毛霉属。毛霉的典型特征：菌丝体发达，分枝，无隔膜，呈棉絮状。无性繁殖产生孢囊孢子，孢囊孢子椭圆形，淡黄色，单胞。有性繁殖产生结合孢子。毛霉生长极为迅速，适宜条件下培养皿培养仅 2 天时间即可充满全皿，7 天内其菌丝可将菌袋表面占领，菌袋变为黑色，严重时可使食用菌菌丝不再发展。毛霉在稻草、植物残体、粪肥等有机质上均可生存，对环境适应性较强，尤喜高温高湿，生长快、蔓延迅速，危害较大。

防治措施：可参考木霉的防治。

2. 酵母菌

酵母菌是单细胞的真核微生物，在食用菌制种、栽培中是常见的污染菌。危害食用菌的常见酵母菌有酵母属和红酵母属中的种。酵母菌菌体为单细胞，呈卵圆形、球形、柠檬形，有些酵母菌细胞与其子细胞连在一起，形成链状假菌丝。在自然条件下以无性繁殖为主，方式主要是芽殖。菌落有光泽，边缘整齐，较细菌大而厚，颜色为乳白色、红色、黄色等，视种类而不同。酵母菌分布广泛，大多生存在植物的残体、空气、水和有机质中。食用菌菌种和培养料受酵母菌污染后，引起基质、培养料发酵变质，呈湿腐状，并散发出酒酸气味。

防治方法:彻底灭菌。对培养基灭菌时,温度、压力、时间都要达到要求,确保无酵母菌污染。接种时要严格按照无菌操作规范进行。在培养室内,要及时清理病菇和菇床上的杂物。

3. 细菌

细菌个体微小,要在高倍显微镜下才能观察到。细菌属原核生物界,为单细胞生物。菌丝体形状有杆状、球状和螺旋状,繁殖方式主要是二分裂法,生长速度较快,危害较大。对食用菌危害较为常见的有芽孢杆菌属、假单胞菌属、黄单胞杆菌属和欧文杆菌属中的种。细菌的菌落大小不一,形状各异,一般呈灰色,菌落呈糊状。细菌广泛存在于自然界中,土壤、空气、水、有机物都带有大量的细菌,高温高湿有利于细菌的生长繁殖,条件适宜时从污染到菌落形成只需几小时。此类细菌污染试管菌种时,使斜面呈膜状或黏液状。在原种、栽培种及菌袋内培养料中生长时,使培养料发黏、发臭,影响菌丝的正常生长。

防治方法:参照酵母菌的防治。

(二)栽培过程的子实体病害

1. 细菌性斑点病

此病是一种引起子实体变色、腐烂、发臭的细菌性病害,又称细菌性褐斑病、细菌性麻脸病。在食用菌发育的任何阶段均可发生。

(1)形态特征

菌体呈杆状或球状,大小为(0.4～0.5)微米×(1～1.7)微米,一端或两端具一条或多条鞭毛,革兰染色为阴性。病菌一般为托拉假单胞杆菌或荧光假单胞杆菌。

(2)发病规律

在自然界中,通过喷水,菇蝇、线虫活动及其他动物、人类活动而传播蔓延。长时间高温(超过24℃)，菇棚通风不良，在喷水后菇盖上有凝结水，管理用水不清洁，都有利于病害发生。如喷水后菇盖表面能在1～2小时内干燥，病害就不易发生。发病初期，菇盖中央稍凹陷，产生黄色或淡褐色圆形或不规则形小斑，尤其在潮湿的菇体上发展迅速。后期病斑变成棕褐色，并出现黏液，有臭味。病斑仅发生在菇体表面层，超过3毫米的菌肉极少变色；在严重情况下，从菌盖蔓延到菌柄，菇体表面布满病斑，子实体停止生长，但较少感染菌褶。

(3)防治措施

① 严把消毒关，覆土可用甲醛熏蒸消毒，水可用漂白粉消毒，注意菇房及其设施的彻底消毒和清洁卫生。

② 喷水后注意通风，使菇房空气相对湿度不超过90%。

③ 遇到高温天气应及时采取降温措施，防止昆虫进入菇房。

④ 保持菇体干燥，喷水后要使菇盖表面能在1～2小时内干燥。

⑤ 使用水要清洁，喷雾时不直接喷到菇体上。发病后喷洒72%硫酸链霉素可溶性粉剂2500～3000倍液可有效防治。

2. 黄斑病

(1)症状

黄斑病也叫水斑病，是一种生理性病害。发病后菌盖上出现黄色水渍状斑点，通常不腐烂，有的下陷，无异味。改善环境条件后不再继续蔓延，病斑变干，愈合，虽黄色斑点(凹坑)仍在，但不影响子实体进一步生长。

(2)发生条件

菇房湿度过大，菌盖凝结水珠，通风不足，二氧化碳浓度过高。

(3)防治方法

① 菇棚上的塑料薄膜要采用无滴膜，防止凝结水滴落到菇体上引起黄斑。

② 加强通风，不向菇体喷水。

③ 避免菇房高温高湿，菇棚内温度不要超过20℃，空气相对湿度低

于 90％。

3. 褐腐病

褐腐病又称疣孢霉病、湿泡病、水泡病、白腐病，是菇房发生最普遍、危害较重的一种真菌病害。

(1)症状

此病是疣孢霉引起的。病原只侵染子实体，不侵染菌丝体。子实体在不同发育时期，其症状表现也不同。在菌丝由营养生长转为生殖生长时，病菌可侵染菌丝形成菌索。感病后培养料表面形成白色的绒状物，有时直径可达 15 厘米以上，这是病原菌的菌丝及分生孢子，此白色绒状物很快变成黄褐色，并出现褐色水珠，最后呈腐烂状，同时散发出臭味。

(2)病原形态

疣孢霉菌丝灰白色，气生菌丝发达。孢子有两种类型。一种为分生孢子，孢子梗直立生长，小梗呈轮枝状，小梗顶端着生孢子。椭圆形，无色，单细胞。另一种为厚垣孢子，双细胞，倒卵形，上部细胞为椭圆形，壁厚，表面有瘤状突起，成熟时呈浅褐色；下部细胞为椭圆形，壁薄，表面光滑，无色。

(3)防治措施

① 严格消毒：菇房要严格消毒，并保持周围环境洁净。旧菇房可用 50％甲基硫菌灵可湿性粉剂 1000 倍液或 50％多菌灵可湿性粉剂 1000 倍液进行喷洒消毒。

② 高温杀菌及覆土消毒：培养料要进行 2 次发酵，以防培养料带菌；覆土要进行消毒，可用 35％甲醛或 50％甲基硫菌灵可湿性粉剂 500 倍液或 50％多菌灵可湿性粉剂 800 倍液进行喷洒，喷后用塑料薄膜闷盖 12～24 小时，然后将膜揭去，使药挥发 1～2 天再覆盖。

③ 一旦发生该病，要立即停止喷水，加大菇房通风，降低温度，将温度降低到 15℃以下。同时，在病区喷洒 50％多菌灵可湿性粉剂 800 倍液，一般喷洒 2～3 次即可。

二、常见虫害与防治

(一)蚊类

危害食用菌的蚊类有多种，主要有眼蕈蚊科、菌蚊科、瘿蚊科、大蚊科、粪蚊科等。

1. 眼蕈蚊科

眼蕈蚊科是长角亚目中的一大类群，头部较小，常为下口式；复眼发达，复眼左右相接，为接眼或有眼桥。触角节数多于3节，中胸背板无“V”形缝，不明显或有痕迹，体不纤弱，触角鞭状，翅膜质无毛，翅脉多。成虫体暗褐色，长2.5毫米，前翅退化成平衡棒，翅长约2.6毫米。初孵化幼虫体长0.6毫米，老熟时4.6～5.5毫米。卵椭圆形，乳白色。该科中厉眼蕈蚊属和迟眼蕈蚊属中的有些种类是食用菌的最重要的害虫。例如，平菇厉眼蕈蚊、宽翅迟眼蕈蚊、闽菇迟眼蕈蚊等。这些害虫在菇房的温湿度条件下，可周年发生，一年可繁殖多代。成虫有趋光性，一只雌虫可产卵50～150粒。幼虫蛀食食用菌，菌种、发菌块和子实体都可为害，将菌丝吃光，将培养料吃成粉末状，危害子实体时常从菌柄基部蛀入，将菌柄蛀空。

防治措施：这些害虫主要是幼虫在培养料及菇体中为害，一旦发生就很难防治，食用菌生长周期又短，因此，必须采取预防为主、防重于治、防治结合的综合防治措施。首先应保持菇房及环境的清洁，及时处理菇根、烂菇及废料等。菇房用前进行杀虫处理，安装纱窗，杜绝虫源，还可安装黑光灯诱杀，灯下放置糖醋毒液，诱杀成虫。幼虫防治，可用2.5%溴氰菊酯乳油或20%氰戊菊酯乳油2500～3000倍液喷洒。

2. 菌蚊科

菌蚊科危害食用菌的菌蚊有大菌蚊和小菌蚊2种。大菌蚊成虫黄褐色，体长5～6.5毫米，宽1.2毫米，头黄色，胸部发达具毛，背板多毛并具4条深褐色纵带，中间两条呈“V”形，腹部9节，3对足细长，基节和腿节淡黄色，胫节、跗节黑褐色，胫节有1对距；幼虫共4龄，1～2龄幼虫无色透明，老熟幼虫体淡黄色，头壳黄褐色，共12节；卵褐色，锥形。小菌蚊成虫淡褐色，头深褐色，紧贴在隆凸的胸下，口器黄色，下颚须4节，体长4.5～6.0毫米，触角丝状，16节，足的基节长而扁，转节上有黑斑，胫节有3行排列不规则的褐刺，胫节端有1对距，腹部9节；幼虫灰白色，长筒形；老熟幼虫长10～13毫米，头骨化为黄色，头的后缘有一条黑边，共12节，各节腹面有2排小刺，腹部较密；卵乳白色，椭圆形。菌蚊的幼虫均有群居性，危害菌丝，并蛀食子实体，有趋光性。大菌蚊还常将子实体的菌褶吃成缺刻，被害菇体易萎缩死亡或腐烂；其对菌丝的危害，多在培养料表面咬食菌丝，但不深钻培养料内，较喜阴湿。小菌蚊除具上述特性外，还吐丝拉网，将菇蕾罩住，幼虫在网内为害，被其丝罩住的菇停止生长，渐干黄而枯死。

防治措施：参照眼蕈蚊科的防治。

3. 真菌瘿蚊科

真菌瘿蚊科主要是真菌瘿蚊，俗称红蛆、瘿蝇。瘿蚊成虫，雌虫体长1.17毫米，宽0.29毫米；雄虫体长0.97毫米，宽0.23毫米。头和胸均深褐色，其他部位灰褐色或橘红色，头小，复眼大，左右相连。触角细长，念珠状，11节，腹部可见8节。幼虫纺锤形，无足，表皮透明，体色因环境而异，常为橘红色、橘黄色、淡黄色、白色，头不发达，体13节，老幼虫长约3毫米。卵略为肾形，初为乳白色，逐渐变为淡黄褐色。瘿蚊有2种繁殖方式，在条件适宜时营幼体生殖，这是一种无性繁殖方式，在不良的环境下有性生殖，产卵繁殖后代。瘿蚊一年发生多代，繁殖极快，一只老幼虫孤雌生殖，一次可产20头左右小幼虫。喜湿，不耐干旱，可在水中存活数日，常群集。幼虫可危害菌丝和子实体。成虫和幼虫都具趋光性，光线强的料面虫口密度大，虫口密度大时，在培养料表面呈橘红色虫团；危害子实体时，多聚集在菌柄基部，从基部钻入菇体;发生严重时,在塑料袋薄膜的水珠处、料面和菌柄基部表面甚至菌盖上都可出现橘红色虫群。

防治措施:首先要做好菇房使用前的清洁、灭虫和防虫处理,以杜绝虫源。发生时可以用25%蚜青灵乳油1000倍液喷洒,也可在幼虫聚集处吸干水珠后撒少量石灰粉将幼虫杀死,或当虫害发生时,停止喷水,使培养料表面干燥,使幼虫停止生殖,直至死亡。

4. 大蚊科

大蚊科中主要是大蚊。大蚊成虫体长7.2毫米,宽1.2毫米,体黄色,头小贴近胸部;口器黄色,胸部发达,背板向上隆凸呈半球形,并有3条深褐色纵带,中间1条纵带长;足细长,3对足几乎等长,基节粗短,腿节与胫节等长约5毫米,跗节5节长4毫米,腹部9节。卵圆形,初为乳白色,后变黄褐色。幼虫圆柱形,无色透明,无单眼。大蚊主要为害菌丝体和培养料。

防治方法:参考眼蕈蚊科。

5. 粪蚊科

粪蚊科属长角亚目,但其成虫触角粗短,比头略长;体粗壮,胸部大而隆起,腹部圆筒形,体色多呈黑色,有光亮而少毛;复眼发达,单眼3个;前翅翅端圆,前缘3根翅脉粗壮,其余脉细弱。雌虫腹部圆筒形,雄虫有向下弯的抱握器。卵平均长约0.23毫米,宽约0.5毫米,长圆形前端较尖,乳白色,孵化前光亮。幼虫共4龄,1～4龄平均体长依次为0.48毫米、0.92毫米、1.98毫米、4.04毫米。初龄幼虫白色,每节背部有2个黑点。高龄幼虫长而扁,头壳黄褐色,体淡褐色,上被灰色细毛,腹末有2对棒状突起。蛹平均长3.45毫米,宽0.7毫米,褐色,气门明显,前气门突分叉,褐色。

防治方法:注意环境卫生,及时处理废料,减少虫源。门窗安装0.27毫米的尼龙纱或双层纱布,并定期在纱窗上面喷药,防止成虫迁入。

药剂防治:用保菇粉300倍液,或40%马拉松8000倍液,或25%喹硫磷1500倍药液喷雾,对成虫防效均达100%;用40%速敌菊酯1500倍液防治效果达97%。

(二)菇蝇类

菇蝇分为蚤蝇科、果蝇科、蝇科等。蚤蝇科属双翅目芒角亚目，为小型的蝇类。成虫头小，胸部扁；复眼大，单眼3个；触角3节，第三节大，常把基部两节盖住，且其上有一触角芒；头和体上多生刚毛；足腿节扁宽，胫节有端距并多刺毛；翅多宽大，翅脉仅前端基部3条粗大，其余微细。幼虫体前端狭而后端宽，可见12节，体壁多有小突起，后气门发达，在1对突起上。围蛹，两端细，腹部平而背面隆起，胸背部有一对角突。主要有白翅型蚤蝇等。果蝇科属双翅目芒角亚目，为小型色淡的蝇类，主要有黑腹果蝇等。成虫头大；复眼多为红色，单眼3个；触角多为羽状或有一列长栉毛，第三节大，呈椭圆形；胸部大，腹部较短；口器舔吸式，有口鬃；足和体上均有刚毛；翅透明，常有色斑。幼虫蛆形。蛹为围蛹。蝇科属双翅目芒角亚目，小型至大型均有，主要有家蝇、厕腐蝇等。成虫通常体长3～8毫米，体上鬃毛较少；头大，复眼发达，离眼式；触角芒为羽状；喙肉质，能伸缩；前胸背板发达，下侧片及翅侧片的鬃不排成行列，腹部有短毛，基部收缢。幼虫圆柱形，前端尖，后端截形。围蛹，淡黄色或红褐色。

菇蝇喜高温潮湿。繁殖力较强，一只雌蝇一生可产卵300粒。成虫和幼虫都喜欢取食潮湿、腐烂、发臭的食物，有较强的趋化性和趋腐性，可取食菌丝和子实体，可随培养料进入菇房，也可从门窗进入菇房。菇房的菇香味和烂菇味对菇蝇都有很强的吸引力。菇蝇可在培养料中吞食菌丝，从基部侵入菌柄，蛀食子实体组织。

防治措施：菇蝇都是钻入料内和菇体为害。因此，以预防为主，杀灭成虫是关键，首先清除菇棚内外废旧杂物，消灭菇蝇滋生地。菇棚安装纱门和纱窗，防止菇蝇成虫飞入菇棚。发生时可喷洒40%二嗪磷乳油1200倍液。还可用糖醋毒饵诱杀成虫。毒饵的制作方法是：将麦麸炒香，然后加入糖、食醋和敌敌畏等杀虫剂搅拌，糖和食醋的用量以可散发出较强的糖醋味为度。毒饵可放菇棚的门口和其他不影响操作的地方。黑光灯诱杀的效果也不错，其方法是将20瓦黑光灯管装在菇棚顶上，在灯管正下方35厘米处放一个收集盆，盆内盛适量的0.1%敌敌畏药液，可诱杀菇蝇。

（三）螨类

螨类俗称菌虱，形似蜘蛛，最常见的有蒲螨和粉螨。蒲螨属于真螨总目蒲螨科。蒲螨个体小，肉眼看不见，白色至红褐色，须肢较小，螯肢针状。雌螨前足体有2个假气门器，雄螨缺气管系统和假气门器，多在培养料上聚集成团，呈咖啡色。粉螨个体稍大，柔软，白色，发亮，无气管系统和假气门器，颚体至少有3节愈合而成，螯肢发达，较大，其上有齿，须肢简单且较小。雌雄两性的生殖孔均位于躯体腹面，往往在足的基节间，雌性生殖孔纵裂。卵圆形。粉螨有休眠体，淡红褐色，骨化度较强，腹面有吸盘。不成团聚集，数量多时呈粉状。主要有腐食酪螨、椭圆食粉螨等。

螨类吞食菌丝、幼菇等。菌种发生螨害后，接种部位（瓶颈部）的菌种块不萌发，或菌丝稀疏并逐渐萎缩消失，培养料松散；严重时培养料中的菌丝会被全部吃光，菌种完全报废。菌袋的培养料上感染螨害后，已生长的菌丝被咬食，培养料松散，严重时菌丝也会被吃光，菌袋较松，造成难以出菇。螨类主要来源于厩肥、饲料、粮食、培养料内，以霉菌和植物残体为食。畜禽舍、谷物仓库或环境卫生差、腐殖质丰富的场所往往较多。

防治方法：搞好菌种培养场地、菇场和培养料场地的环境卫生，菌种室与菇场和培养料贮藏仓库应保持一定的距离，杜绝螨虫入侵。选用无螨菌种，禁用有螨害的菌种扩大繁殖，更不能用于栽培。栽培场地要远离畜禽舍、仓库，并要经常进行打扫，清除杂物，并进行杀虫处理。培养料要严格发酵高温处理，或培养料拌药。出现螨害时，可用15%杀螨灵、73%杀螨特、45%马拉松等喷雾。

三、综合防治与管理

防治茶树菇病虫害应秉着"防重于治，防治结合"的原则，采取包括农业防治、生物防治、物理防治和化学防治等措施，走加强管理、综合防治之路。

(一)培育和选用优良菌种

茶树菇优良菌种，一是种性好，具有高产、优质、抗逆性强的特点。二是菌丝生长势强，纯度高，无病虫感染。三是菌龄适宜。如茶树菇母种的菌龄以16～25天为宜，原种、栽培种的菌龄以40～60天为宜。对老化、退化的菌种要坚决淘汰。栽培者对感染病虫或有疑问的菌种一般均能弃之不用，而对于老化的菌种往往是凑合使用，这是不科学的。因为常规的菌种检查都是用肉眼来判断，菌种无污染只是相对而言。在菌种生长旺盛时，个别混入的杂菌孢子处于抑制状态；当菌种老化衰退时，被抑制的杂菌孢子往往已经萌发，只是肉眼无法察觉而已，一旦将老化菌种用于繁殖，则可能造成较大的污染。即便是老化菌种没有感染，由于其生命力下降，对扩大过程中混入的杂菌孢子的抑制能力也差，也应予以淘汰。

在选用优良菌种的同时，制种者和栽培者必须了解所用菌株的菌丝和子实体生长的适温范围、栽培要点、菇体形态特征、加工性状等特性。

(二)切断病虫入侵途径

菇房要设置在交通方便，靠近水源，环境干净，通风向阳，并远离堆放粮食、饲料和饼肥等的仓库，以及畜舍、垃圾堆等易于滋生病虫的场所。菇房的结构要合理：一是大小要适中。譬如农家栽培，菇房面积以111～166米^{2}为宜，过大，保温保湿性能差。菇房入口处最好设置缓冲走廊，以减少病菌孢子随气流进入菇房的机会。二是要有加温、加湿和保温、保湿的设施。三是要有通风和光照设施，如设通风窗和安装日光灯或电灯泡等，以便有利于创造一个适于茶树菇生长而不适于病虫滋生的生态环境。

保持菌种生产厂房、栽培场所、干品贮藏仓库的清洁卫生。认真清除菌种生产厂房四周垃圾、杂草及被污染过的废物，减少污染源。培养室在使用前要打扫干净，并用甲醛或硫黄密闭熏蒸 24 小时。非密闭的培养室或栽培场所，可定期用 2%甲醛、0.1%甲基硫菌灵、5%石炭酸、5%～20%石灰水等杀菌剂，喷洒地面及空间。喷时雾滴宜细，分布要均匀，喷后要加强通风。也可以在地面直接撒施石灰粉，或漂白粉粉剂。药剂要轮换使用，防止长期使用单一药剂，以避免病菌产生耐药性。

菇房，特别是老菇房，在使用前必须进行一次全面的清理和消毒，以杀灭床架、地面和墙壁缝隙等处的病菌、害虫和螨类。床架可用 5%石灰水或 10%漂白粉水冲洗，也可用 5 波美度的石硫合剂涂刷。菇房在使用前应铲去地面旧表土，填换新表土，并撒一层石灰粉。菇房墙壁亦可喷洒 5%石灰水。进料前 3～5 天，可用甲醛密闭熏蒸，也可用 5%甲醛喷洒消毒。在平时，菇房内外也要定期消毒。

茶树菇干品进仓库之前，要先搞好仓库内外、室内外的清洁卫生。室外、仓库外要做到不留垃圾、不通污水、不留杂草；室内和仓库内要彻底清除杂物、废料和碎屑等，四壁不留孔洞和缝隙，以减少害虫赖以潜藏、栖息和越冬的场所。仓库使用前，要用敌敌畏进行一次空仓消毒，以杀死仓库内的害虫。

从没有施用过茶树菇废料的田地取土作为覆土材料。做好覆土的消毒工作：①覆土的土粒须经阳光暴晒，利用太阳热能和紫外线杀死土粒中的病菌，然后再用石灰水调湿，上床覆土。②蒸汽熏蒸。将土粒堆成堆，用薄膜盖严，通入蒸汽，当土温达到 60～65℃后，维持 3～4 小时，以杀死土粒中的病菌孢子。③甲醛熏蒸。每立方米土粒用 5%甲醛溶液 10 升喷洒，然后用塑料薄膜密封1～2天，再摊开让甲醛挥发。待调好pH和水分后，再上床覆土。

（三）严把配料、装袋和制袋技术关

1. 选用优质的主、辅材料

使用的主、辅材料，如木屑、棉籽壳、麦粒、稻草、甘蔗渣、麦麸及米糠和石膏等，应新鲜无霉变。木屑的颗粒要适中，不可过大，且不能含有对茶树菇菌丝生长不利的成分的树种，如松、杉和樟树等的木屑。石膏应选真货，防止假石膏对茶树菇菌丝产生危害。稻草、甘蔗渣在使用前应经阳光暴晒1～2天，利用紫外线杀死其中的杂菌孢子。

2. 采用合理的培养料配方

茶树菇生长、发育有其最适的碳氮比。因此，在制作茶树菇菌种及栽培生产时，应采用最佳的培养基配方。不可过分增加或减少麦麸，否则将影响菌丝生长，而有利于杂菌的生长。

3. 掌握适宜的料水比

茶树菇袋栽（原种、栽培种及栽培袋）的料水比，以1∶1.2为宜。过干菌丝生长不好，过湿病菌容易发生。拌料要均匀，含水量要一致。干料或含水量较低的原料不能混到基质中，以免无法彻底灭菌而造成污染。

4. 培养料的酸碱度要调节适宜

茶树菇菌丝适于在偏酸的环境中生长。应将培养料的酸碱度即pH值调到5～6，在pH值<5的情况下，茶树菇菌丝生长势差，生命力弱，极有利于绿霉、青霉的生长。对此应及时用石灰水将pH值调到6.5左右。常压、高压灭菌后，pH自然会降到5～6。

5. 防止培养料发酸变质

木屑完全晒干后，方可贮存。使用一次性粉碎机粉碎的木屑，由于缺少晒干的条件，必须随时粉碎随时使用，不可贮存过久，否则木屑会发酵变质。从培养料配制到灭菌的时间间隔，以当日尽早完成为宜，特别是高温季节，间隔时间越长，基质越易酵解变质。如遇特殊情况，当天不能进行装袋灭菌，则应测其酸碱度，再加入适量的石灰调到合适。

6. 认真操作，防止菌袋产生微孔

① 选用厚薄均匀、料面密度高、无孔洞破损的塑料袋。

② 制袋的每一个环节，如装袋、灭菌、退灶、冷却、接种等，都要小心操作，减少破袋。

③ 装料松紧要适度，不能装得太松，以免培养料与薄膜之间留有空隙，以免带菌空气进入发生污染，或开袋时造成料体分离，产生侧生菇。

④ 装灶、退灶时，要逐袋检查破损情况。如发现破袋，要用透明塑料胶带立即补上。

⑤ 生产栽培袋时，在菌袋冷却阶段，当菌袋温度降至40℃时，可用75%甲基硫菌灵可湿性粉剂200倍液，均匀涂抹菌袋表面，使药剂渗透到微孔中，防止杂菌生长。

⑥ 扎好袋口，不能留有缝隙。

(四)培养料消毒灭菌要彻底

制作菌种和栽培袋的消毒灭菌，通常用高压灭菌锅或用常压灭菌灶。灭菌时要注意：①灭菌的温度、时间要达到规定的要求。用高压锅灭菌时，要将锅内的冷空气全部排空，一般试管培养基灭菌压力为98.06千帕，并保持30分钟；原种、栽培种或栽培袋的培养料灭菌压力为147.10千帕，并保持2小时。用常压灭菌灶灭菌时，菌袋如有周转筐叠放，或每60～70厘米有分隔物一层一层地分隔时，温度达到100℃后应保持15小时以上，才能彻底灭菌。②保证灶内蒸汽畅通，循环均匀。菌袋在灶内摆放时，不能排得太紧，要留有一定的空隙，以避免死角或有的菌袋灭菌不彻底。

(五)严格遵守无菌操作规范

无菌操作是减少杂菌污染的关键措施。接种操作的空间必须严格净化、灭菌和消毒,接种工具以及操作者的手、衣着都必须进行严格消毒。在栽培生产中应注意以下几点。

第一,消毒时间要足够。用甲醛熏蒸消毒的,每立方米用量为 20 毫升,应密闭 12 小时以上。用气雾消毒盒消毒的,应密闭 3 小时。

第二,接种时,要避免人员进出接种室,并严禁打开接种室门窗通风。

第三,对接种工具,除了在接种前要用 75%乙醇消毒外,在接种的过程中还要经常消毒。接种针、打孔器和镊子等要放在酒精灯上灼烧。

第四,接种操作速度要快,尽量减少瓶口、袋口、接种穴等暴露在空气中的时间。

第五,待菌袋冷却到 25℃以下时再接种,以防高温烧菌。

第六,加大接种量,让茶树菇菌丝以绝对优势首先占领料面,从而减少杂菌污染的机会。

(六)创造有利生长条件

1. 加强栽培管理,提高抗病虫能力

发菌期管理,要以能促进茶树菇菌丝生长而又能抑制病虫发生为目的。采取的措施如下。

(1)适当降温

大多数病菌是喜高温的,因此,接种后培养温度应控制在 25℃以下。适当降温培养,虽然菌丝生长速度较慢,但粗壮有力,而病菌则明显减少。

(2)适当降湿

茶树菇在菌丝体生长期,要求空气相对湿度比较低。在发菌期,保持空气相对湿度在 60%左右,可以有效地抑制病菌的发生。

(3)出菇期科学用水

不清洁的水是传播病菌的媒介。菇房的水分管理，一是要保证用水清洁。在难以保证的情况下，可用150毫克/升漂白粉水溶液喷洒。二是喷水要适量，该多则多，该少则少。覆土后前期要轻喷、勤喷；待快出菇时要重喷出菇水；到出菇期，菇多时多喷，菇少时少喷。

(4)喷水后要结合通风

大多数病菌喜高温高湿，菇房一旦出现病害，应停止喷水，加大通风量，提高干燥度，使之不利于病菌的生长。

(5)改善综合生态条件

调节好菇房内适宜的光、温、水、气等生态条件，使茶树菇菌丝增强生活力和提高抗逆性，旺盛地生长，从而抑制病菌的发生和蔓延。

2. 定期消毒、灭菌、杀虫

茶树菇发菌培养期间，栽培场所要经常保持清洁卫生，清除四周垃圾、杂草以及受污染的废物，减少污染源。培养室在使用前要洗净，并用甲醛或硫黄密闭熏蒸24小时。其扎线解开前一天，对培养室要进行消毒灭菌，可按每立方米空间用10毫升甲醛与5克高锰酸钾熏蒸，并用5毫升敌敌畏或除虫菊酯杀虫。灭菌与杀虫应相隔2天进行为好，以减少杂菌和虫害发生。

3. 及时检查，科学处理

生产菌种时，在接种后，菌丝定植吃料1～2天时进行一次检查，以后每隔7天左右检查一次，直至菌丝走满袋、瓶或管为止。及时拣出被污染的菌种，特别是棉塞上和瓶、袋外表出现污染的菌种。小心操作，科学处理，以控制杂菌的蔓延。对于可以利用的污染料瓶和料袋，可先将其进行高压灭菌，再掺入新料，进行灭菌后重新利用。对于培养基不能重新利用来生产菌种，如果污染较轻，可用75%乙醇溶液或10%～15%甲醛溶液注射污染部位，控制病斑扩展，待茶树菇菌丝走满袋并成熟后直接用于出菇；如果污染较重，培养基又不能直接用于出菇，则只能及时将其烧毁或深埋。

进行栽培生产时，接种后当菌丝走到直径 5 厘米左右时(温度正常，一般 7 天；温度较低时，可能要 15 天，甚至更长时间)，进行一次翻堆检查，以后每隔一段时间，都要进行检查翻堆，及时挑出被污染的菌袋，并科学处理。对于杂菌孢子长出袋外的菌袋，如是被链孢霉污染的，最好在分生孢子团呈浅黄色，即尚未成熟或未形成分生孢子时进行处理；而当已产生分生孢子团并呈橘红色时，则应用潮湿的布包裹好感病部位，集中进行处理，而且搬时要轻拿轻放，避免震动，尽量减少分生孢子的飘散危害。

对于感染重的菌袋，可采用以下三种方法进行处理：一是在生产季节对菌袋进行高压灭菌后，再将其中的培养料掺入新料中使用。二是将污染的菌袋深埋或烧毁。三是选择晴天，将其搬到野外堆集起来，上盖塑料薄膜，让太阳暴晒，以提高堆温，杀死杂菌孢子。10 天后，再开袋摊晒，晒干后贮存备用。切忌将污染的菌袋到处乱扔或未经任何处理就脱袋到处摊晒，让病菌孢子到处飞扬，造成严重的重复污染。

(七)防病与防虫同步

1. 防治方法

茶树菇虫害防治的关键，是杜绝虫源，降低虫口基数，培养健壮的菌丝。因此，可以采取多种方法防治与消灭病虫危害。

(1)物理防治

① 人工刮除或捕杀：对一些小型真菌、黏菌，可用煤油喷灯将其烧死。对一些大型真菌，可将其子实体刮除。成虫虫体较大的，可在盛发期进行人工捕杀。蛞蝓、蜗牛有昼伏夜出、晴伏雨出的习性，行动缓慢，也可进行人工捕杀。

② 安装纱窗：一些菇蚊、菇蝇成虫能被茶树菇菌丝体散发的香味所引诱而进入菇房。因此，菇房的门窗及通气孔要安装 60 目的纱窗。

③ 灯光诱杀：菇蚊和菇蝇的成虫有趋光性，可用黑光灯或高压静电灭虫

灯诱杀。高压静电灭虫灯是用一支220伏3瓦蓝色荧光灯作引诱光源，灯管外围设有约1000伏的高压电网，当菇蚊、菇蝇等被灯光诱来时，即触电而死。使用时，要注意人畜安全。

④ 低温贮藏干品：多数仓库害虫原产于热带、亚热带地区，抗寒力都很弱，一般发育适宜温度为28～38℃，最低发育温度为17～22℃。生命活动的临界温度为8～15℃这个临界温度，仓库害虫的发育和繁殖就停止。当温度降至0～8℃时，害虫即进入冬眠状态；如果这种温度持续时间长些，就可致害虫死亡。因此，保持低温的贮藏环境是防治仓库害虫的有效方法之一。在气温较低的北方，可采用地下仓库常年贮藏。在温暖地区，特别是夏、秋季气温较高的地方，可在仓内或贮藏物内接入通风管道，用鼓风机将外界冷空气压入，或将仓库内湿热空气从管道吸出，通过机械通风，以降温散热，从而达到抑制害虫繁殖的目的。在仓库密封性能好，并能隔热的条件下，可用制冷机把温度降低，以抑制害虫的发生。

⑤ 干燥贮藏干品：大多数仓库害虫在空气相对湿度为50%的干燥环境里，就不能繁殖。因此，仓库要保持干燥，将空气相对湿度控制在65%以下。

⑥ 高温杀虫：一般仓库害虫生长适宜温度为18～35℃；温度40～45℃，是害虫活动所能忍受的最大限度；温度升高到45～48℃时，绝大多数仓库害虫处于热昏迷状态；温度升到48～52℃时，害虫就会死亡。因此，可采用以下几种方法杀虫：一是暴晒。主要在夏季进行，将干品置于阳光下暴晒，至温度上升到48℃时，维持2小时。二是烘干。一年四季都可进行。烘干温度在60℃，维持20～25分钟。三是蒸汽杀虫。只用来处理仓库工具及包装器材，不能用来处理贮藏物。将麻袋、筐、垫仓板、竹席等器材装在推车里，推进蒸汽室内，温度80℃处理15～20分钟，可以杀死附在其上的全部害虫。

(2)生物防治

用苏云金杆菌粉剂溶液防治粉斑螟蛾、印度螟蛾等，有较好的防治效果。也可将雌蛾腹部末端剪下，制成溶液，涂在大漏斗上，下放一盆水，引诱雄蛾到漏斗上，再从漏斗落入水中淹死。这种方法虽见效较慢，但安全可靠，对茶树菇干品和环境不产生污染。

(3)生态防治

根据茶树菇和病原菌所要求的环境条件不同，尽量创造一个有利于茶树菇生长而不利于病原菌生长的生态环境，是防止病害发生的主要途径。

比如葡枝霉，是侵染茶树菇的主要病原菌之一，常引起菇体软腐，俗称软腐病。葡枝霉生长要求适宜的pH值约为3.4，而茶树菇菌丝体生长适宜的pH值为5～6.5。在茶树菇生长发育的过程中，由于代谢活动不断产生有机酸而使培养料及覆土变为微酸性。因此，在水分管理中，可用2%石灰水喷洒，既有利于茶树菇生长，又可抑制病原菌发生。发病后也可用石灰粉撒在病区地面上，以控制蔓延。葡枝霉孢子萌发和菌丝体生长要求最适的空气相对湿度为100%，而茶树菇要求最适的空气相对湿度，在菌丝体生长期为70%～80%，在子实体发育期为80%～90%。因此，菇房在喷水后，要注意通风。在发病期间，对菇床应掌握宁干勿湿的原则。葡枝霉的孢子不耐高温，如果覆土经过暴晒处理，或用70℃蒸汽进行土壤消毒，可有效地杀死病原菌孢子。

又如茶树菇在制种中，极易受木霉的侵染。可利用茶树菇和木霉在菌丝体生长阶段对温度条件的不同要求，采取不同的生态条件，可以防治木霉的危害。茶树菇菌丝体在25℃下生长最好，在16℃左右时其生长速度大于木霉菌丝体的生长速度。木霉菌丝体在25～30℃时生长最好，在25℃以上时，木霉菌丝体的生长速度大于茶树菇菌丝体的生长速度。根据这一特点，接种茶树菇后，先在16℃下培养，待茶树菇菌丝体占领培养料料面后，温度逐步提高到25℃，这样就可避免木霉的侵染。

(4)化学防治

害虫既是茶树菇的直接侵害者，又是病原菌再侵染的重要媒介，因此，防病与除虫要同步进行。在采取一切防患措施的基础上，适当选用一些高效、低毒、低残留的化学药剂进行防治，可以把病虫危害控制到最小的限度。用化学药剂防治杂菌和病虫害，操作简单，使用方便，见效快。但使用时应注意以下五个方面：

① 严禁使用剧毒农药。

② 长菇时，不得施用化学农药防治病虫害，要待每批茶树菇采收结束后才能施用。对残效期长、不易分解及有刺激性气味的农药，不能直接用于菌袋、菌床。

③ 掌握适当农药浓度，以免造成药害，影响食用菌生长。

④ 尽量选用高效、低毒、残效期短、对人畜和食用菌无害的农药，如除虫菊酯等。

⑤ 用药时要根据病害发生情况，尽量采取局部施用，少量施用，防止农药污染扩大。

2. 加强科学管理

选用优质无病虫感染和适龄的菌种作为播种的材料。菇房用水要保证水质清洁。喷水方法要力求促控结合，数量适宜，该多则多，该少则少。覆土后的前期，要轻喷、勤喷，待快出菇时要重喷出菇水。大多数病菌喜高温高湿，菇房一旦出现病害，应停止喷水，加大通风量。菇床的湿度掌握以宁干勿湿为原则。要调节好菇房内适宜的光、温、水、气等生态条件，使食用菌菌丝生长健壮，增强生活力和提高抗逆性，以旺盛的长势，抑制病菌的发生和蔓延。

3. 及时处理已发生的病害

菌袋一旦出现病害，除停止喷水、加强通风外，可用10%漂白粉液或70%甲基硫菌灵1000倍液喷洒。发病严重的，应立即将有病害的菌体及培养料清除，并集中烧毁或深埋，防止病菌扩散。

第五章

茶树菇采收、保鲜与加工

适时采收是获得茶树菇高产的重要环节，又是保鲜、加工和干制的最初环节，具有非常强的时间性和技术性。采收过早，产量低；采收过迟，菇体开伞，组织变老，会产生大量的褐色孢子，失去商品价值。可以说采收工作直接影响茶树菇的产量和质量，最终影响生产经营者的经济效益。

一、采收标准及方法

（一）采收标准

茶树菇随着子实体的不断长大，菌盖颜色逐渐变淡。菌膜即将破裂而未破裂，此时应及时采收。若估计不能及时销售，或加工处理，或对采收标准把握不准，则应提前采收。采收时单朵或整丛（不论大小）一次性全部采完，并除去菇脚。

茶树菇子实体成熟度，以掌握五至七分熟为宜。茶树菇菌盖转变为浅黄白色，盖小、肥、厚，柄壮、脆，此时采收，质佳味香，菇肉脆嫩，产量也高。若采收不及时，则菌膜破裂，容易开伞，菇皮变薄。

（二）茶树菇分级标准

根据茶树菇生长发育成熟程度、产品形式（干品、鲜品）和流通去向（内销、外销）的不同，其分级标准为：

① 优质菇菌盖、菌肉肥厚，大小均匀，长短整齐，菌膜未破（未开伞），菌柄粗壮，近白色。

② 次级菇菌盖开展，菌褶变为褐色，菌柄细长。

③ 劣质菇扭曲，有病虫斑和污损，成熟过度。

（三）采收方法

采收前停止喷水，最好选择在晴朗天采收。如果采前喷水，或雨天采收，鲜菇含水量增加，就难以长期保鲜。而且，菇体受潮后，菇盖粗糙，色泽加深，影响鲜菇质量。此外，由于鲜菇含水量高，必然延长干制加工时间，降低烘干效率。但是，对一些不马上采收就会错过成熟期的未开伞菇，即使雨天也应及时采收，并抓紧加工。气温较低时，宜在当天早上、下午各采收1次，这时菇体新陈代谢缓慢，菌膜不易开裂；气温较高时，菇体容易开伞，宜在早上、下午和傍晚采收，每天采收3次。采收时，先用一只手伸至子实体基部，轻轻旋动后向上拔起。动作要平稳，注意轻摘轻放，避免操作不当而折断菇柄，损伤菇体。若是覆土栽培，则应小心清除菇脚泥土。采菇用的篮子，里面要垫双层纱布，而且放菇数量不宜太多，以防压碎。

茶树菇由于菇体内含有多酚氧化酶、氨基酸和活性羧基化合物等，极易发生褐变，腐败变质，降低产品质量及商品价值，因此鲜菇采收后应及时进行冷藏保鲜或加工干制。

采收第一潮菇后，要及时整理料面，摘除零星小菇、死菇和老菌丝碎块，再用扁平耙将菌袋表面出现霉斑的料面挖掉，这样还可起到搔菌的作用。另外，还要向袋内补充水。经数日养菌，促使第二、第三潮菇尽快长出。收完第一潮菇后，可用水龙头喷雾，每袋补水20～50毫升；收完第二潮、第三潮菇后，可用水龙头喷重水，每袋补水50～100毫升，喷时以农村井水为最好。喷完后，菌袋口有细微积水，料面湿润。补水时结合喷施0.5×10^{-6}的三十烷醇液或稀土营养液，可以促进菇蕾发育，做到出菇齐、出菇早、出菇多，菇型较大。补水后，要增加通风时间和次数，每天通风4～6小时，连续通风2～3天。

二、茶树菇的运输与保鲜

将采下的鲜菇放入塑料筐内，入冷库预冷10小时，用聚乙烯塑料袋包装，每袋2.5千克，放入塑料泡沫箱内，每箱20千克，密封后置于0～2℃的环境中保存，冷链条件下外运。

(一)茶树菇采摘后的变化

刚采收的茶树菇虽然已停止了同化作用，但生命活动并未结束，呼吸作用还在继续，不过，菇体里代谢的趋势已发生了较大的变化，总的趋势是以分解占优势，不断地向着衰老腐败发展，茶树菇渐渐失去营养和商品价值。这些变化，概括起来有以下几点。

1. 呼吸作用

呼吸作用分有氧呼吸和无氧呼吸2种。前者将底物彻底氧化为水和二氧化碳；后者则产生许多含乙醛、乙醇的物质，对鲜菇保藏工作不利。呼吸作用越强，鲜菇贮藏的时间越短。降低环境中的氧气含量，增大二氧化碳含量，降低环境温度，都可降低菇体的呼吸作用，延长保鲜时间。但是环境中氧气含量也不可太低，否则会导致菇体的无氧呼吸。另外，尽量不要保藏受伤菇，因为受伤菇体呼吸强度大。

2. 水分散失

新鲜茶树菇含水85％～95％，整个菇体鲜嫩、松软。贮藏过程中水分的蒸腾，会使菇体枯萎和皱缩，影响风味和鲜美程度。

3. 生理生化变化

褐变有酶促褐变和自动氧化2种。前者取决于多酚氧化酶、氧气和酚类化合物的存在，因此，组织损伤会促进褐变；后者主要是由于贮藏过程中碳水化合物和脂肪类物质的自动氧化，从而表现褐色、茶褐色变，甚至产生一些臭味和有毒物质，同时还可使菇体的天然色素褪去。褐变直接影响茶树菇子实体的色泽、风味与营养价值，降低鲜菇的品质。采收后鲜菇褐变，分为酶促褐变与非酶促褐变2类。

酶促褐变主要原因是环境中氧气浓度与温度的变化。在有氧条件下，菇体内多酚氧化酶使子实体中的多酚类物质发生氧化，形成黑色素物质。

随着温度的升高，酶的活性也逐渐加强。当温度上升到一定值时，酶就失去活性。另外，菇体细胞受机械损伤后，细胞汁溢出，可能激活其他酶类，从而加快褐变的过程。

非酶促褐变是菇体细胞内营养物质自然氧化的结果，并受环境因素及其他微生物代谢产物的催化。这类褐变常有异味出现。

4. 成分变化及腐败

茶树菇采后呼吸代谢产物的消长与茶树菇鲜度有直接的关系。无氧呼吸可能导致中间代谢产物在菇体细胞内积累，并最终伤害菇体细胞，引起腐败病原微生物的感染，使鲜菇变黏、变酸、发臭，失去食用价值。

（二）茶树菇的保鲜

1. 保鲜基本原理

茶树菇味道鲜美，鲜销极受消费者欢迎。市场上一般采用直接鲜销或包装后鲜销。茶树菇的保鲜，是在流通与销售过程中，最大限度地保持鲜菇原有的风味品质。鲜菇仍然是活的有机体，没有完全停止生命活动。保鲜是采用物理或化学方法，利用鲜菇自身的呼吸作用，在密封包装的容器内，降低氧气的浓度，提高二氧化碳的浓度，再在低温条件下冷藏和运输，创造良好的保鲜生态条件——低温、低氧和高二氧化碳，从而达到下列保鲜效果：

① 降低酶的活性和微生物的活动，防止酶促褐变和腐败变质。

② 降低菇体的呼吸强度和蒸腾强度，减少营养物质的消耗和水分的散失，防止菇体失鲜、失重。

③ 延缓各种生理生化的进程，减少开膜开伞。使鲜菇的分解代谢处于最低状态（休眠状态），并保持茶树菇子实体原有形状和色泽。延长贮藏时间，保持鲜菇的食用价值。此外，茶树菇保鲜包装，还可以使商品美观大方，便于货架排放，提高商品的竞争力。

2. 保鲜方法

茶树菇保鲜可以借鉴果蔬保鲜技术，采用低温冷藏、保鲜袋简易包装等方法。

(1)低温冷藏保鲜

此法适用于茶树菇长途运输或短期保存，根据鲜菇在低温时呼吸微弱，发热减少，以及微生物在低温时活动受抑制，处于休眠状态的原理，达到保鲜的目的。

① 设备与条件

包装容器：采用符合食品卫生标准的质轻、坚固、无异味的可多次利用的竹筐、瓦楞纸箱、塑料盒等盛装鲜菇。

使用设备：冰箱、冷库、冷藏车等。

温度范围：0～8℃。

保鲜时间：30 天左右。

② 鲜菇分级：进行保鲜的茶树菇要求菇丛大小均匀，朵形圆整端正，菇肉肥厚，每丛为 10～20 朵。菇体含水量低，无污泥，无虫害，无残破，保持自然生长的形态。符合以上要求的，可进行冷藏保鲜；不符合标准的作烘干加工处理。

③ 晾晒排湿：将经过初选的鲜菇菌被，朝天摊铺于晒帘上，及时置于阳光下晾晒，让菇体内水分蒸发。晾晒时间的长短视天气状况而定。秋冬菇本身含水量低，加之出菇时气候干燥，一般晒 3～4 小时，水分即可蒸发。春季菇菇体含水量高，出菇时空气湿度大，需晒 6 小时左右水分才能蒸发。夏季阳光强，晒 1～1.5 小时即可。要按照菇体本身含水率高低，灵活掌握晾晒时间。晾晒排湿的标准是，以手捏菌柄无湿润感，菌柄稍有收缩。一般经过晾晒后，其脱水率为 25%～30%，即每 100 千克鲜菇晒后只有 70～75 千克的实得量。

④ 预冷与冷藏：冷藏保鲜之前要进行预冷，预冷在冷藏库内进行。将降

湿后的鲜菇倒入塑料筐内，入库后按一定方式堆放，避免散堆。堆放时，货垛应距离墙壁30厘米以上，垛与垛之间和垛内各容器之间都应留有适当的空隙，以利于库内空气流通，保持库内降温均匀。垛顶与天棚或冷风出口之间，应留有80厘米的空间层，以防引起鲜菇冻害。库内温度应维持在1～4℃。预冷时的最后温度一定要在0℃以上，以防冻害或生理伤害。预冷处理后应及时包装。包装后或低温运输，或继续进行短暂的低温贮藏。但都不能在常温下存放或运输，以防失鲜变质。已包装成件做短暂冷藏的，应与未经包装筐贮的分库贮藏。

冷藏保鲜，并非温度越低越好。温度降低，保鲜成本就升高；温度过低，还容易引起子实体代谢紊乱以至减弱，甚至失去对不良环境的抵抗能力。

⑤ 包装贮运：茶树菇保鲜包装，可采用塑料袋真空包装、网袋包装和托盘式的拉伸膜包装。将分级、预冷后的鲜菇先装入透明无毒的塑料袋内，抽成真空和密封成型，再装入隔热的塑料泡沫箱中，加盖密封，外套瓦楞纸箱，用胶带纸密封，标明级别、重量和发货日期。也可用小包装、家庭包装和盒装，供日常消费用。装时菌褶向上，整齐排列，外用保鲜膜包装，烫合密封。如用一般薄膜包装，需要抽真空。为便于装卸、运输和堆叠，常将小包装一起盛装。这一工艺称为成件。成件时，将一定数量的小包装装入大纸箱中，装量要便于按件计重。装后，箱口用胶带纸密封，标明级别、重量和发货日期。

(2)保鲜袋简易包装保鲜

保鲜袋可用普通塑料真空包装袋和网袋，还可用托盘或拉伸膜作为包装材料。采用这种保鲜方式，最重要的是要制备保鲜剂。其方法是：将次磷酸(50%水溶液)1份，硅酸铝(氧化铝含量28%)1.2份，混合均匀，以热风(可用热吹风)干燥，再研磨粉碎，过200目筛后装入纱布袋(一般装量为0.2～2克/袋)即为保鲜剂。然后，将保鲜剂按需要量置于装入规定重量鲜菇的塑料袋内，用胶带密封保鲜。也可置于用托盘、保鲜膜密封鲜菇的包装茶树菇保鲜袋。还可将保鲜剂放于瓦楞纸箱的底、侧和上部，一般使用量为8～10克/米^3。密封后，在4～10℃的温度条件下，茶树菇可保鲜30天。暂不用的保鲜剂要密封遮光保存。

三、干制加工

茶树菇集中采收时，市场供大于求。为了调节市场的淡旺季，便于长途运输和易地销售，需要对茶树菇进行干制加工。这样才能长期保藏。干菇风味更佳，市场销路极好。

对茶树菇干制，其目的在于通过脱除茶树菇体内的水分，使其含水量逐渐降低至11%～13%，一方面是将菇体内可溶性物质的浓度提高到微生物难以利用的程度，抑制微生物的繁殖，延长保存与销售时间；另一方面是保持营养物质和特殊风味，改进外观形态与色泽。

(一)干制的基本方法

茶树菇的干制，可分为自然干制(晒干)和人工干制(烘烤)2种。

1. 晒干

将鲜菇薄薄地摊在铁筛或竹帘上，放在太阳光下暴晒，直至干燥。摊晒时，要注意勤翻动，小心操作，以防破损。晒时应倒放，让菌褶向上。一般鲜菇2个晴天即能晒干。晒干的菇体含水量比烘干的略高。当菌柄干缩，用手掰有清脆声响时，表明已干透。茶树菇晒干后，将其放入塑料袋中，迅速密封后即可贮藏。

2. 烘干

晒干法不仅受到天气限制，而且色泽差，香味不浓，不耐久藏。实践表明，茶树菇只有通过烘烤，才能散发出浓郁的香味。烘干，是将鲜菇放在烘箱、烘笼或烘房中，采用电、炭火或远红外线加热使之干燥。由于烘房设备简单,容易修建,因而在农村广为采用。

(二)干制的工艺要求

第一,既要有利于菇体水分的汽化,促使鲜菇水分及时蒸发,又要有利于保持干品的良好色泽和外形。在鲜菇中含有束缚水和自由水。前者与细胞原生质体的大分子物质紧密结合,不能自由流动,干制也难以脱除;后者处于游离状态,能自由流动,在干制时容易脱除。目前,人工干制的方式,大多是利用加热空气作为一种介质与菇体接触,促使菇体表面水分汽化和内部水分扩散,并把汽化出的水蒸气及时排出,使菇体的含水量逐渐降至11%～13%,从而符合贮藏所要求的含水量标准。

鲜菇的干燥过程,根据菇体表面水分汽化和内部水分扩散速度的状态,可分为恒速干燥和减速干燥两个阶段。恒速干燥是从干制初期到菌盖表面出现皱褶的干燥前期,在此期间菇体表面汽化和内部水分扩散是同步进行的,且随着时间的增长而成比例地干燥。此阶段约汽化掉菇体总含水量的60%左右。在此之后,菇体内部的水分呈胶黏状,扩散速度已跟不上表面汽化速度,从而进入减速干燥阶段。这时,如介质温度过高或增大排气量,就会导致菇体表面革质化,俗称表面“结壳”。因此,茶树菇的干制,应采用较低的温度和慢速升温的烘干工艺,才能保持干制品有良好的色泽和外形。

第二,既要有利于促进茶树菇香味物质的形成,又要有利于防止酶促褐变的发生,提高茶树菇的商品质量。鲜菇采收后,由于机械损伤,与氧气接触的机会增加,很容易发生褐变,严重影响品质。在干制过程中,通过控制适宜的温度,抑制酶的活性,可以防止或减缓褐变的发生。

茶树菇具有独特的香味,是因为含有一些香味物质,其中主要的是茶树菇脂、醇和茶树菇酸及羧基化合物等。香味物质的形成,是在缓慢烘干过程中,由茶树菇中的脂类、酸类、羧基类化合物等在酶的作用下,转变成茶树菇精、茶树菇醇和茶树菇油。所以,茶树菇的干制必须控制在适宜的温度条件下(一般为50～60℃),才能保存和促进香味物质的形成,从而提高其商品价值。

(三)烘干的操作方法

烤制的茶树菇干菇,决定其质量好坏的主要有两个因素:一是鲜菇的质量,二是烘烤技术。没有好的烘烤技术,再好的鲜菇也会烘成次品,造成经济损失。

鲜菇采后要及时烘烤,不可放置时间过长,尤其在30℃以上高温环境下更应如此,以免造成菇盖卷边伸展开伞,菇盖变薄、破损,并产生褐变。更不可将它到处乱放,使之遭受机械损伤,破坏朵形外观。采后拖延时间过长,菇体内的活性酶会继续进行代谢,使色泽发生变化,制成干品后,变成深褐色或黑色,失去新鲜感,降低商品价值。因此,在茶树菇的干制过程中,一要现采现烘,采后即烘;二要通过控制温度和时间,尤其是起始的温度和时间,促使多酚氧化酶和过氧化物酶等失活或钝化酶的活性。

茶树菇烘干要特别掌握好加热空气的温度和湿度等条件,只有这样,才能制出外形好、色泽美、香味足、营养高的优质干品。因此,茶树菇栽培者和生产专业户,要认真掌握烘干工艺流程和每个环节的技术要领。茶树菇烘干操作的方法如下:

1. 鲜菇分级装筛

将除去杂物和蒂头的鲜菇,按菇型的大小、菇肉的厚薄分成若干等级,均匀地铺放在烘筛上,先晒半天。晒时菌褶朝下摆放,包括已开伞菇,菌褶也应朝下摆放。烘烤时,将大朵菇或淋雨菇放在烘干箱中下部最易干燥的层架上,将小菇、含水量少的和菌盖薄的菇,放在烘干箱上部不易干燥的层架上。

2. 调控温度及时间

(1)调控好适宜的起始温度

温度调控是机械脱水的一个重要技术环节。起始温度是否适宜,是决定茶树菇干制成败的关键。当鲜菇进房时温度升高，水分易于蒸发，干燥速度快，但在干燥初期不宜采用高温。因为鲜菇含水量高，突然和高热空气相遇，组织汁液骤然膨胀，易使细胞破裂，内容物流失；同时，菇体中的水分和其他有机物，常因高温而分解或焦化，发生菇裙变黑，有损成品外观与风味。但干燥初期的温度也不能低于 30℃。因为起温过低，菇体内细胞继续活动，会使菇盖卷边伸展，干品卷边微小，且菇裙呈白色，也会降低茶树菇的等级。茶树菇起烘的温度以 40℃为宜。通常鲜菇进房前，先开动脱水机，将热源输入烘干室内，这样鲜菇一进房就处在 40℃的温度条件下，菇盖卷边自然向内收缩，从而加大卷边比例，且使菇褶呈蛋黄色，品质好。导致茶树菇褐变的最主要的酶，是多酚氧化酶和过氧化物酶等。据报道，钝化多酚氧化酶的活性，以起始温度为 45℃，处理 5～6.5 小时效果最好。钝化过氧化物酶活性的起始温度，则以 40℃较理想。在一定的温度范围内，过氧化物酶的活性，会随温度升高而上升。因此，对茶树菇烘干起始温度的掌握，应以有利于钝化过氧化物酶的活性为重点，将温度控制在 40℃，并持续 1 小时以上。这样能较好地保持鲜菇原有的品质。

(2)采用慢速升温的干制工艺

起始温度持续 1 小时以上之后，空气温度不能提得过高和过快。温度过高，菇体中酶的活性迅速被破坏，影响香味物质的形成；温度上升过快，会严重影响干品的品质。据报道，每小时温度急剧上升 8℃，水分集中的菌褶，会发黑；相反，每小时急剧下降 8℃，又会使菇体收缩，菌盖向内倒卷，菌盖龟裂，菇形不正。所以，茶树菇的干制应采用较低温度和慢速升温的烘干工艺。一般使用强制通风式的烘干机，干制温度可从 40℃开始，逐渐上升到 60℃；使用自然通风式烘干机的，可从 35℃开始，逐渐上升至 60℃，升温速度要缓慢，一般以每小时升温 1～3℃为宜。干制初期，温度应控制在 45℃左右，烘干时间一般晴天为 5～6 小时。干制中期，温度应控制在 50～60℃，保持 6～8 小时。

(3)调控适宜的最终温度

干制的最终温度也不能过高，如高于73℃，则茶树菇的主要成分蛋白质将遭到破坏；同时，在过高的温度下，菇体内的氨基酸与糖互相作用，会使菌褶呈焦褐色。但最终温度也不能过低，如低于60℃，则干品在贮藏期间容易发生谷蛾、蕈蚊等害虫的危害。因为这些害虫产在菇体上的卵，致死温度为60℃，且需持续2小时。所以，干制的最终温度，一般以不低于60℃为原则，以62℃左右为适宜。最后烘干时间为1～2小时。当干菇含水量降至12%时，即以手指甲刻画与菌盖相接部位的菌柄，稍能留下指甲痕，表示达到了干制要求，可将茶树菇干品从烘干箱内取出。

3. 湿度及进排气的调控

茶树菇体内的水分是通过加热汽化而排出体外的。如果烘干室的空气相对湿度接近100%时，则汽化、扩散就停止，菇体就不会干燥；当菇体湿度与烘干室湿度接近时，就会出现“水煮菇”现象。所以在干制中，对空气湿度的调控非常重要。特别是干制的中、后期，需要变温变湿的条件。如在温度不变的情况下，增加空气湿度，可以缓解干燥强度，使菇体内部水分扩散和外部的汽化相平衡，防止出现菇体表面皱缩和革质化现象，从而获得优质的干品。空气湿度的调控，可以通过烘干机的进排风来调节循环回风量，使部分或全部吸湿后的空气回流，与干热空气混合后，再进入烘干机。

在干制初期，菇体含水量大，加热后汽化散出的水分也多，烘干室内的空气湿度增高。因此，须使用40～50℃的低温热空气，并加大进排气量，将吸湿后的热空气及时地全部排出烘干机外。

在干制中期，空气温度已升高至55℃左右，菇体表面温度也逐渐升高。这时如果仍输送大量湿度低的空气，就会使菇体表面的干燥速度大于内部水分向外扩散的速度，引起菇体表面皱缩、变形和革质化，影响内部水分继续往外扩散，从而延长干燥时间。所以在干制中期，应采用部分循环回风，把进排气门适当关小(关1/3～1/2)。在高温季节，为防止菌盖边缘产生皱褶，在干制一开始时，就可以采用部分循环回风，以提高空气湿度。

在干制后期，随着菇体水分汽化强度的降低，其温度已趋近介质温度。此时菇体外部已接近干制所要求的水分指标，而内部及菌柄还含有一定的水分较难扩散，干燥速度缓慢。因此，除控制最终温度外，还应采取全循环回风作业，即进排气门全关闭、循环回风门全开。另外，在烘烤过程中，要勤翻动检查，并且随着菇的干缩，及时进行并盘和调换上下层位置。这样的干制品，菌盖保持原有特色，菌褶淡黄色，香气浓郁。

4. 干制品的质量标准

(1)水分测定

茶树菇干品吸潮力较强，极易回潮。因此，烘干时必须达到规定标准，即用指甲顶压盖部，若稍留指甲痕，则说明干度已够标准；或用手掰菌柄，有清脆断裂响声，亦表明已经干透；或者按 9 千克鲜菇可烘干成 1 千克干品标准判定。菇体烘干不够，容易发生霉变及虫害；烘干过度，又易烤焦或破碎，影响质量。二者都应加以防止。

(2)干制品分级

市场认定的茶树菇干制品等级标准见表 5-1。

表 5-1 茶树菇干制品等级标准

指标	一等	二等	三等
外观形态	菌膜未破裂，菌盖缘厚、内卷，朵型圆整，菌柄粗壮，白色	菌膜未破裂，菌盖近平展，盖缘变薄但稍有内卷，菌柄粗壮，近白色	菌膜破裂，菌盖开展、边缘破裂，部分破边，菌柄细长、扭曲，菌褶淡褐色，菌盖浅黄色，少许褐斑或深褐色
色泽	菌盖金黄色、浅黄色	菌盖蛋黄色、浅黄色	菌盖浅黄色，少许褐斑或深褐色
香味	香味浓郁纯正	具有固有香味	具有固有香味
开伞度	近半球形	扁半球形	扁平或部分开伞菇
干度	足干	足干	足干

续表

指标	一等	二等	三等
朵数朵型	丛生菇，大小规格整齐	丛生菇，大小规格较整齐，但混有少许小丛生菇	单生菇，菇盖、菇柄较大
霉变及虫害	无霉变、无虫蛀	无霉变、无虫蛀	无霉变、无虫蛀
残缺及其他缺点	无	少许	部分

(3)防止烤焦

菇体内部水分与外层汽化蒸发不同步，会导致菇体表层革质化，阻碍内部水分向外移动与蒸发，从而引起菌褶泛黑。出现这种现象是由于菇体过湿，起始干燥温度过高、排风量过大所致。还有的存在菇盖褶皱多的现象，这是由于空气升温或降温过于急骤所致。在烘干过程中，这些现象都要极力防止。

5. 包装贮运

(1)干菇贮存

随着干菇贮藏期的延长，受贮藏环境因素的影响，干菇的营养成分和外观性状都会发生质量劣变，即干菇逐渐陈化。通过控制与改善贮藏环境，可以延缓干菇的陈化过程。

① 引起干菇陈化的因素

一是氧化作用。由于封口不严，干菇与氧气接触过多，菇体内某些物质被逐步氧化，导致干菇失鲜与失香。

二是菇体受潮。由于干菇有相当强的吸水性，因而极易受潮而引起霉变，或引起自身脂类与维生素类物质的氧化。

三是光照作用。菇体受光照后，引起自身脂类氧化及色素变化。

四是高温影响。贮存环境温度偏高时，干菇体内部分酶类活性增强，可加速陈化过程。

② 延缓干菇陈化的措施：一是把干菇放在低湿冷库贮存，或放在去湿暗房内贮存，贮存温度以 7～10℃ 为宜。二是在干菇包装袋内放置去湿剂（如硅胶、干燥剂等），并及时予以更换。三是选择合适的包装材料，达到避光、密封与防潮的要求。

（2）干菇的包装贮运

用于较长时间贮藏的干菇，通常是烘至九成干时即取出，待冷却至菇体表面柔软不易破损时，进行人工选择，剔除畸形菇和破损菇，然后回机继续烘至全干，使含水量降为 11%～13%。干制后，将其装入双层塑料袋内，用封口机或烙铁黏合袋口。所用塑料袋以聚乙烯或聚丙烯袋为宜，不要用聚氯乙烯塑料袋，以防氯离子逸出渗入干制品中。干菇装袋后，随即放入衬有防潮纸的木箱、纸板箱或白铁皮箱中，并予以密封。干品应在低温（15℃以下）、干燥（空气相对湿度为 50%左右）和遮光的条件下贮藏。也可分成小包装（每袋 100～150 克），供应市场。